国门生物安全

AN ILLUSTRATED
INTRODUCTION
OF PORT BIOSECURITY

《图说国门生物安全》编委会◎编著

中国海关出版社有限公司

图书在版编目（CIP）数据

图说国门生物安全 /《图说国门生物安全》编委会编著 .
— 北京 : 中国海关出版社有限公司 , 2023.5

ISBN 978-7-5175-0627-0

Ⅰ . ①图… Ⅱ . ①图… Ⅲ . ①生物工程—安全管理—研究—中国 Ⅳ . ① Q81

中国版本图书馆 CIP 数据核字（2022）第 256746 号

图说国门生物安全
TUSHUO GUOMEN SHENGWU ANQUAN

编　　著 :《图说国门生物安全》编委会
策划编辑 : 夏淑婷
责任编辑 : 夏淑婷
助理编辑 : 周　爽
出版发行 : 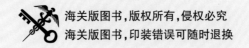出版社有限公司
社　　址 : 北京市朝阳区东四环南路甲 1 号　　　　邮政编码 : 100023
编 辑 部 : 01065194242-7539（电话）
发 行 部 : 01065194221/4238/4246/5127（电话）
社办书店 : 01065195616（电话）
　　　　　https://weidian.com/?useried=319526934（网址）
印　　刷 : 北京鑫益晖印刷有限公司　　　　　　经　　销 : 新华书店
开　　本 : 787mm×1092mm　　1/16
印　　张 : 15.75　　　　　　　　　　　　　　字　　数 : 304 千字
版　　次 : 2023 年 5 月第 1 版
印　　次 : 2023 年 5 月第 1 次印刷
书　　号 : ISBN 978-7-5175-0627-0
定　　价 : 88.00 元

图说
国门生物安全

An Illustrated
Introduction
of Port Biosecurity

《图说国门生物安全》编委会

主　　　编：张展辉

副　主　编：陈伟琪

编委会成员：张展辉　陈伟琪　李日晴
　　　　　　施　宽　冯颖怡

CONTENT
目录

序 言

一只跳蚤，夺走了 2500 万欧洲人的生命；

一只蚊子，让英国人输掉了美国独立战争；

一只蚜虫，几乎摧毁了整个欧洲的酿酒业；

一场撼动全球 80 亿人的新冠疫情，

让我们再次直面，人类面对灾疫时的脆弱和无助。

一朵杜鹃，孕育了西方植物园的辉煌；

一片茶叶，间接导致了一个王朝的衰落；

一株野草，拯救了数百万人的生命；

一个独特物种所蕴含的价值，

是难以单纯用金钱来衡量的。

中国幅员辽阔、地大物博，

但您知道吗？

中国曾经是遭受流疫荼毒和生物入侵最严重的国家之一，

也曾经是物种资源流失最严重的国家之一。

从古代原始的隔离防疫到近代检疫的艰难起步，

从中华人民共和国成立后检验检疫体系的不断完善，

到人类命运共同体视野下的全球生物安全治理，

中国的国门生物安全管理也走过了一条不平凡的道路。

接下来，我们将和您一起探究：

什么是国门生物安全，

她如何塑造我们的生活，

如何改变亿万人的命运，

她如何书写历史，

又将把人类文明带往何处。

CHAPTER

第一章

了解国门生物安全

1

国门生物安全有多重要

对很多人来说，"生物安全""国门生物安全"可能还是比较新的概念。但是，"新"并不代表"不重要"。

2021年9月29日，习近平总书记在中共中央政治局第三十三次集体学习时强调："生物安全关乎人民生命健康，关乎国家长治久安，关乎中华民族永续发展，是国家总体安全的重要组成部分，也是影响乃至重塑世界格局的重要力量。"

生命健康、长治久安、永续发展、重要力量……这些词语的分量不言而喻。在新冠疫情防控的关键时刻，以习近平同志为核心的党中央把生物安全纳入国家安全体系，既是出于抗击疫情、保护人民生命健康的现实需要，也是基于对人类历史和科学规律的深刻认识和把握。在二十大报告中，习近平总书记再次强调要"健全生物安全监管预警防控体系""加强生物安全管理，防治外来物种侵害"。

环顾世界，生物安全已经成为世界各国政府的重大关切。美国把管理生物安全风险作为美国的核心重大利益。2018年，美国政府发布《国家生物防御战略》报告，强调"生物威胁是美国面临的最大威胁"。近二十年来，美国先后启动"生物盾牌计划"等多个重

广西德天瀑布，为我国与越南的天然国界。我国与14个国家陆地接壤，是140多个国家和地区的主要贸易伙伴，维护国门生物安全的任务十分繁重

2021 年 4 月 15 日，《中华人民共和国生物安全法》正式施行，这是我国生物安全领域第一部基础性、综合性、系统性、统领性的法律

大工程，累计投入 1855 亿美元资金，构建了最为先进的生物技术创新体系，独占了全球约九成生物领域的根技术，建立起强大的生物军事帝国。[1]英国、德国、日本、俄罗斯等国家也全力加大生物技术研发力度。应对全球生物霸权，全面提升国家生物防御能力，是中国面临的新的挑战。

2004 年 7 月 21 日，美国总统布什签署"生物盾牌计划"

　　国门生物安全是国家生物安全的重要组成部分。在全球化深度发展、交通运输十分便捷的今天，地球上任何一个局部的生物安全问题，都有可能很快蔓延，演变成为其他国家的国门生物安全问题。2016 年，毁掉俄罗斯全国 10% 农田的沙漠蝗虫灾害，肇事的蝗虫竟然来自遥远的北非。2018 年非洲猪瘟首度传入中国，不到一年时间传

---

1. 王宏广. 中国生物安全：战略与对策 [M]. 北京：中信出版社，2022.

肯尼亚疣猪，非洲猪瘟病毒
的最初宿主之一

遍全国，导致 80 多万头生猪被捕杀。[1]据世界卫生组织报道，新冠疫情发生后，仅仅
2 个月的时间就蔓延到 85 个国家。

2015 年 4 月发布的《中共中央 国务院关于加快推进生态文明建设的意见》明
确提出："健全国门生物安全查验机制，有效防范物种资源丧失和外来物种入侵。"
对于一个国家的生物安全而言，国门生物安全管理是第一道防线，也是防范外来生
物安全风险成本最低的一环。

面对全球新冠疫情大流行，
全国海关尽锐出战，坚决筑
牢"外防输入"防线

---

1. 数据来自农业农村部网站。

2 走进国门生物安全

　　"生物安全"的本义是指与各类生物因素相关的安全问题。它有着非常悠久的历史，自从人类诞生开始，危害人类生命健康和食物安全的病毒、细菌、有害动植物等生物安全问题，就与我们如影随形。而我们现在所说的"生物安全"，则是一个专业术语，是随着现代生物技术发展而产生的概念。

鼠疫很早就出现在人类历史上，数以亿计的人因它失去生命。除老鼠外，松鼠、旱獭、河狸等各种啮齿类动物都有可能传播鼠疫

　　1975 年，美国国立卫生研究院（National Institutes of Health，简称 NIH）制定了《NIH 实验室操作规则》，首次提到"生物安全"的概念，这是世界上第一部专门针对生物安全的规范性文件。1992 年，联合国环境规划署发起签署的《生物多样性公约》，是生物安全概念在国际法层面上的首次亮相。

美国国立卫生研究院癌症研究所工作场景

1993 年，新西兰制定了世界上第一部《生物安全法》。

"生物安全"有狭义和广义之分。狭义的生物安全是指防范现代生物技术的开发和应用产生的危害与潜在风险。广义的生物安全是国家安全的重要组成部分。根据我国《生物安全法》的定义，生物安全是指国家有效防范和应对危险生物因子及相关因素威胁，生物技术能够稳定健康发展，人民生命健康和生态系统相对处于没有危险和不受威胁的状态，生物领域具备维护国家安全和持续发展的能力。

越来越丰富的转基因食物。转基因可谓是有史以来引发争议最大的狭义生物安全问题

爱尔兰都柏林反转基因抗议活动

国门生物安全中的"国门"，顾名思义是指国家的门户，通常的理解是连通两国的口岸。国门生物安全，实际上是指生物因子跨境移动带来的安全问题和风险。

维护国门生物安全，主要包括对两种风险的管控。一是危险性生物因子跨境传播的风险。危险性生物因子包括病毒、真菌、细菌等病原微生物和有害入侵物种等，主要管控方向为入境（防入侵）。二是生物资源流失的风险。生物资源包括植物资源、动物资源、微生物资源和人类遗传资源等，主要管控方向为出境（防流失）。

国门生物安全既不神秘，也不遥远，它和我们的生活紧密相关。对进境的旅客进行埃博拉、猴痘等传染病筛查，防止疫情输入扩散；对进口家畜和粮食等进行检疫，防止非洲猪瘟、大豆疫霉病菌等动植物疫病传入危害我国农牧业；防范沙漠蝗

美国在与墨西哥边境修筑的围墙，国家力量的介入人为地分隔开了自然生态环境

海关实验室对口岸环节截获的有害生物进行检测鉴定

虫、红火蚁、加拿大一枝黄花等有害生物入侵；强化出境管控，防止濒危动植物、重要农作物种质资源、人体遗传资源流失到境外，等等，都属于国门生物安全的范畴。

2021 年 4 月 15 日，海关总署副署长张际文、中国工程院院士陈薇出席《中华人民共和国生物安全法》施行主题活动

3　国门生物安全问题的起源

国门生物安全风险的产生，有两个前提。

一是要有不同生态系统和国家的存在。在现实中，这两者都处在持续不断的变化之中。普遍认为，世界上最早的国家，是公元前 3500 年左右出现在两河流域的苏美尔人城邦。美籍日裔学者弗朗西斯·福山在《政治秩序的起源》中指出，世界上第一个现代意义上的国家出现在中国，比欧洲早了 1800 年。

美国公园里的中国大熊猫。如果没有人类发明的飞机、轮船等交通工具，熊猫几乎没有可能出现在遥远的美洲

二是要有动物、植物和微生物等生物因子的跨国境移动。我们有必要了解，在人类历史上的不同阶段，各种生物因子跨区域、跨国界移动频繁与否、便捷与否。

让我们首先回到远古时代，地球在亿万年的进化中，发展出许多彼此相对独立的生态系统。这些生态系统往往以高山、河流等天然地理屏障为边界，人和其他生

澳大利亚的袋鼠和考拉。由于长期与地球其他地区隔绝，大洋洲进化出了一些特有物种

物在其中生存、竞合、发展，达到了相对的生态平衡。一般来说，绝大多数生物从出生到死亡，都不会离开其所在的生态系统。

一些具有远距离迁徙能力的动物，如鸟类、蝙蝠、飞行类昆虫，以及燕鳐等少数海洋鱼类则是例外。例如，美洲帝王蝶是世界上著名的迁徙性蝴蝶，每年秋季，数以千万计的帝王蝶会从美国、加拿大的落基山脉南下，飞行数千千米，到墨

帝王蝶

西哥中部的山林里越冬。次年春季天气回暖之后，又一路北上，重回故土繁衍生息，这是地球上最为恢宏壮阔的生物迁徙景观之一。即便如此，这些"运动健将"们的活动路线和范围都是有规律、有限度的。

千里迁徙的鲑鱼，在洄游过程中遭到美洲棕熊的拦截

有学者认为狗是人类驯化的第一种动物，随人类足迹到达世界各地

渡渡鸟可能是除恐龙外最著名的已灭绝动物，它是毛里求斯国鸟，因人类过度捕杀等原因于1681年灭绝

但是一个全新的、强大的物种的出现，完全改变了旧有的局面。这个物种就是我们的祖先——智人。大约10万年前，智人从故乡东非大裂谷出发，去探索新的世界，不久后，他们就把领地拓展到了欧洲和东亚。大约4.5万年前，他们越过海洋，抵达大洋洲；约1.5万年前，他们穿过白令海峡大陆桥，进入美洲。至此，人类的足迹几乎遍布了全球。

人类在迁移的过程中，无意中把他们身上携带的寄生虫和细菌、病毒等病原体散播到了世界各地。而当时人类对各种动植物资源的掠夺式攫取，包括火等工具的使用，对环境造成了前所未有的破坏，很多物种灭绝，许多小生态系统多年形成的物种间的平衡被打破。

大约1.1万年前，末次冰期趋近尾声，世界各地的人们开始大量驯化动植物，人类开始进入农耕社会。人们在拓展疆土的过程中，也会有意识地把驯化的动

南非克鲁格国家公园的斑马。斑马和马同属马科动物，但因脾气暴躁、攻击性强而难以被驯化

斑马马车。据称世界上最神秘的金融家族罗斯柴尔德家族第二代男爵沃尔特·罗斯柴尔德是少数几个曾驯服斑马的人

植物如猪、牛、羊和水稻、小麦等带到新的领地，客观上推动了物种的跨地区迁移或交流。

　　事实上，自然界的物种交流（植物、动物和微生物在地球上各个地理区域间的迁徙和交流）自古就有，到今天也一直存在。但是随着人类文明的演进、交通运输能力的逐步提升，由人类相关因素驱动的物种交流开始占据越来越重要的位置。

印度街头的行人、驴车、自行车和火车，人类新旧运输方式的奇妙共存

南极洲的企鹅。如果没有人类的"顺风船"，地球上其他区域的物种很难抵达南极这片世外桃源

以小麦为例，她本是西亚、北非"新月沃土"地区寂寂无闻的野草，在人类数千年坚持不懈的大力推广下，现在已经是世界上种植面积最大的粮食作物。尤瓦尔·赫拉利在《人类简史》中，将小麦称为"地球上最成功的植物"。他甚至认为是小麦驯化了人，而不是人驯化了小麦。

凡·高画作《麦田与柏树》。麦田是凡·高钟爱的绘画主题

为了深入了解国门生物安全问题的起源，我们有必要对人类历史上的物种交流作一个简要的回顾。

4 物种交流与国门生物安全

（一）物种交流是一把双刃剑

　　物种交流，和这个世界上其他事物一样，都是利弊相生的。通过物种交流，人们引进了异域的优良物种，促进了农业生产、丰富了食物来源、改善了生活质量。但是，它也带来了疫病传播、有害物种入侵等生物安全风险问题。

　　关于物种交流带来的好处，我们可以从日常生活中找到证据。以食物为例，今天的中国人，实实在在享受着"物种全球化"的福利。玉米、番茄、辣椒、花生、土豆、小龙虾这些来自异国他乡的食材，已经成为今天"舌尖上的中国"不可或缺的元素，而在明朝以前，我们的祖先是无缘享用辣椒炒肉、番茄炒蛋、土豆烧牛肉、油炸花生米、十三香小龙虾这些"家常菜肴"的。

　　单从食物结构来分析，全球人类的喜好高度趋同。人们常吃的粮食蔬果，全世界各大洲加在一起仅有约 200 种。仅是小麦、玉米、水稻三种作物，就提供了

美丽的加拿大一枝黄花，1935 年被作为观赏植物从北美引进我国，现已成为"此花开处百花杀"的恶性入侵植物

广西龙胜山民晒辣椒的场景。原产于美洲的辣椒明末传入我国，很短时间内就拥有了"无辣不欢"的庞大粉丝群

今天人类从植物中获取的热量和蛋白质的一半，而据英国皇家植物园科学家们的估计，地球上的植物种类超过 40 万种，其中有一半可供人类食用。也就是说，人类本来完全有可能吃上过万种甚至超过 10 万种的植物。人类挑选用来饲养以提供肉食来源的动物种类就更少了，仅有猪、牛、羊、鸡等少数几种。

由此可以看出，物种交流在打造这份"全球人类共同食谱"中起到关键作用。这约 200 种植物和少数几种家畜（禽），是人类在多次跨地域的物种交流中，不断筛选优化形成的最佳食用物种清单。

但是，物种交流带来的坏处也是显而易见的。细菌、病毒等病原微生物的全球化传播，造成天花、霍乱、鼠疫等传染病的蔓延，对人类生命健康造成严重威胁。哪怕是人类有意

玉米原产于中南美洲，大航海时代传入欧洲，约在 16 世纪中叶传入我国，目前已是我国重要的粮食作物

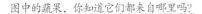

图中的蔬果，你知道它们都来自哪里吗？

推动的物种交流，也发生过多次诸如食蚊鱼、加拿大一枝黄花、凤眼蓝（水葫芦）等"好心办坏事"的乌龙事件。1963 年，美国引进中国人养殖了千余年的亚洲鲤鱼（美国人对草鱼、鳙鱼、鲢鱼、鲤鱼等鲤科鱼类的统称），对密西西比河等污染严重的河流进行"生物治理"，结果亚洲鲤鱼却因没有天敌的制衡而泛滥成灾，美国政府不得不拿出 180 亿美元的巨资进行治理。

在美国河流中，没有天敌的亚洲鲤鱼大量繁殖，体形变得硕大，经常成群跃出水面阻碍船只交通，甚至撞击人类

（二）世界历史上的物种交流

在这个地球上，物种资源的分布是极不均衡的。生活在欧亚大陆的人们最受大自然的眷顾，大部分有用而且容易驯化的物种都生活在这里。例如，适合驯化为粮食作物的禾本科植物全世界总共 56 种，而中东地区一个小小的新月沃地就有 33 种之多。欧亚大陆的人们驯化了小麦、水稻等重要作物，以及马、牛、羊等 13 种大

我国先民很早就驯化了水稻和水牛，开启了辉煌的中华农耕文明

古埃及牧民石刻

家羊驼和小羊驼是美洲极少数的本土驯化动物

型野生哺乳动物，建立起完善的农业生产体系，在两河流域、尼罗河流域、恒河流域、黄河流域等地孕育了几个伟大的古代农业文明。

相比之下，身处非洲和美洲的人们就没有那么幸运了。非洲的野生动植物虽然种类繁多，但是可供人类驯化的极少。美洲驯化的植物很多，但由于约 1.5 万年前智人迁移到这里时，已经具备了很强的捕猎能力，几乎所有可以驯化的大型动物都被他们灭绝了。由于缺乏适合驯化的原生物种，南、北美洲和非洲的大部分区域始终没有形成成熟的农耕文明。

美国爱荷华州的玉米田。玉米原产于中南美洲，相比小麦在欧亚大陆东西方向的传播，玉米在美洲大陆南北方向的传播要困难得多

1. 陆地上的物种交流

地理因素对物种交流有决定性的影响。欧亚大陆是地球上最大的一块大陆，占全球陆地面积逾三分之一，物种资源十分丰富，大陆的主轴线又是东西方向、有利于物种的传播，因此，在人类历史的大部分时间里，物种的交流主要发生在欧亚大陆。而非洲、美洲由于大陆的主轴线为南北方向，物种在气候、太阳光照差异较大的不同纬度间难以传播，物种交流相比之下显得十分有限。

物种交流也受政治、军事、社会条件的影响，每当人类历史上建立起强盛辽阔的大帝国、条件有利于贸易时，陆地上的物种交流便开始加快，历史上主要有以下几个物种交流加速期。

（1）汉朝、罗马帝国"双星闪耀"期

从公元前 100 年开始的 300 年间，处在巅峰阶段的汉朝、罗马两个帝国携手将世界带入了一个繁荣的贸易时代。葡萄、苜蓿、大蒜、胡桃（核桃）、胡麻（芝麻）、石榴、骆驼、驴等通过丝绸之路传到中国，中国的桃子、樱桃、杏和种猪等也往西传到欧洲。致命的天花和麻疹也很可能在这个时期被无意中传到了意大利。

有葡萄藤、鸟兽等元素的唐代铜镜

魏晋南北朝时期的驴纹牌饰。驴曾被视为匈奴"奇畜"，张骞出使西域后被大规模引入中原地区

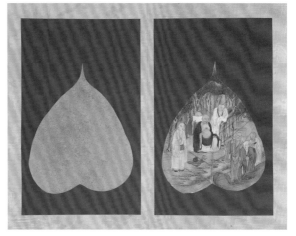

菩提树于唐朝时传入我国，图为古代以菩提叶创作的画作

（2）大唐盛世

唐朝开放多元、通达万方，唐朝政府依靠强大的军力击破突厥，控制了西域诸国，使对外贸易再度繁荣。棉花、无花果、芒果和大量香料、药用植物、观赏花卉等从天竺、波斯等地被源源不断引入中国。公元755年开始的安史之乱让唐朝元气大损，原有地理政治格局崩溃，对外贸易和物种交流受阻。

（3）"伊斯兰贸易世界"的形成和扩张

公元8世纪至13世纪，阿拔斯王朝兴起，促成了连接印度洋和地中海沿岸的海陆贸易网的形成，甘蔗、棉花、水稻和柑橘类水果从印度传入地中海周边，为当地带来了一场小型的农业革命。

印度甘蔗收获场景。欧洲人嗜糖，从印度引进甘蔗后却因地理气候原因无法大量种植，直到大航海时代，才迫不及待在各海外殖民地广建甘蔗种植园，这项甜蜜的产业也开启了罪恶的黑奴贸易

随着人口增长、犁的普及和物种的丰富，中世纪西欧发起垦殖运动

（4）蒙古大一统时期

13世纪至14世纪，蒙古人用武力建立起领土面积空前庞大的大帝国后，随即着手恢复社会秩序及推动贸易。胡萝卜、柠檬等蔬果从伊朗等地传入中国。有学者认为，黑死病后来在欧洲的传播也与蒙古人进击欧洲直接相关。

描绘蒙古帝国入侵欧洲过程中与匈牙利王国一次决定性的战役——1241年莫希战役场景的绘画。横扫欧亚大陆的蒙古大军很可能在无意中促进了物种交流

2. 海上物种交流

人类征服世界的旅程，从大陆出发，向近海、远洋延伸，逐渐将美洲、澳大利亚、南极洲等"新大陆"和新西兰等大小岛屿收入自己的版图。人类和他们带的物种，对这些天然土地的生态造成了很大的影响，大量的原生物种，特别是鸟类，在这过程中走向了灭绝。

旅鸽，被人类吃到灭绝的鸟类。北美洲原有的旅鸽数量大约在 50 亿只，到 1914 年它们就在地球上永远地消失了

（1）古代海上物种交流

受限于人类航海技术的发展，海上的物种交流相比陆上要困难很多，在人类历史上也鲜有记载，但一样有着重要的意义。

由于太平洋、大西洋十分辽阔，横渡的难度很大，而印度洋相对较小，而且有规律的季风变化，这使环印度洋地区比较早出现在世界航海网络上。印度的重

珍珠粟

龙爪粟

坦桑尼亚人向游客推销香蕉

高产且易种的甘薯为解决世界粮食短缺问题作出了巨大贡献。目前全球甘薯栽培面积以亚洲最大，非洲次之，原产地美洲仅居第三位

要作物珍珠粟、龙爪粟分别于约 3000 年、1000 年前从非洲引入；香蕉、亚洲山药和芋头约公元 500 年前传到东非并被广泛种植，这些亚洲的作物使得非洲人能够在潮湿的林地定居。

物种交流史上有一个不解之谜：原产于美洲的甘薯是如何在哥伦布第一次远航的 500 年前，被移栽到波利尼西亚中部地区，随后被传播到大洋洲的其他地区。甘薯最终成为西太平洋和新几内亚高地上人们的主食，后来成为东亚大陆的重要食物。

据传甘薯被哥伦布作为礼物献给西班牙女王，后被西班牙水手带至菲律宾，明朝时辗转传入我国，在兵荒马乱中挽救了无数生命

（2）大航海：开启物种全球化时代

欧亚大陆和美洲大陆由于长时间地理上的隔绝，分别衍生出了全然不同的独立的动植物体系。大航海时代以前，人们的活动通常只限于所在大陆邻近国家间的小范围交流。由于彼此生态系统相似，物种入侵情况并不严重。

1596 年的世界地图

1492 年，哥伦布首次航行到美洲大陆，建立起新旧大陆之间的联系，开启了伟大的大航海时代，人类的活动区域一下扩展到全球。一场横跨东西半球之间的物种和文化大交流由此产生，史称"哥伦布大交换"，人类文明史翻开了新的一页。

哥伦布登陆新大陆

新旧大陆物种传播图

　　和郑和的豪华船队相比，哥伦布用来远渡重洋的帆船只能说是简陋，但它却装载着象征新生产力的小麦等作物和牛、马、羊等大型牲畜，新大陆的地理面貌和文明生态因之而彻底改变。欧洲人在枪炮、病菌和钢铁的帮助下，仅以区区数百人，就征服了人口超几百万的美洲帝国。

欧洲传教士
向美洲原住
民布道

欧洲人带来的牛、马、小麦、蚯蚓等大大提高了新大陆的生产力，把加拿大和美国变成全球著名的粮仓，南美洲的潘帕斯草原成为最优良的牧场，欧洲人的战马也很快成了美洲印第安战士喜爱的坐骑。

在这场物种大交换中，美洲收获了欧亚大陆的优质驯化动物，也慷慨地为世界奉献了番茄、玉米、甘薯、南瓜、辣椒、花生、凤梨等美洲驯化植物。我们从欧洲文艺复兴时期的油画中可以发现，哥伦布和他的后来者们从新大陆带回种类极为丰富的美洲驯化植物，使画家们笔下的蔬果品种逐渐变得丰富。这些蔬果改变的不仅仅是餐饮习惯和绘画艺术，还深刻地影响了许多欧亚国家的文明进程。

物种的力量超出人们的想象。美洲的马铃薯，让爱尔兰的人口在100年内从100万增加到900万。美洲的橡胶在东南亚的橡胶园里蓬勃生长，为第一次工业革命奠定了

描绘北美苏族印第安人骑马远征的画作

描绘印第安人骑马驱赶野牛群跳崖场景的画作

1775 年，英国画家理查德·厄勒姆油画中展现的多种蔬果，包括来自美洲的南瓜等植物

《哈布斯堡皇室鲁道夫二世》（1590 年）油画展现的蔬果已十分丰富

基础。美洲的花生、番茄、辣椒、香草等为欧洲人的餐桌增色添香，美洲的金鸡纳树，挽救了欧洲无数疟疾患者的生命。欧洲贵族对甜品的喜爱，使在新大陆种植甘蔗成为一门有利可图的生意，不少殖民者因甘蔗一夜暴富，而无数非洲人却因之沦为奴隶。

　　美洲的烟草，最初被欧洲人视为灵魂堕落的明证，但欧洲的"文明人"很快就发现，自己居然也无法抗拒这种"低级"趣味的吸引。来自非洲的咖啡豆同样受到热烈追捧。这两种原本被认为是"低端人群"享用的植物，居然成为欧洲伟大思想

描绘在秘鲁森林内采集金鸡纳树皮的木版画

油画《第一次吃番茄》

欧洲人效仿美洲土著抽烟

印第安首长马萨索特和英国普
利茅斯殖民地州长约翰·卡弗
抽着和平烟斗，签署和平条约

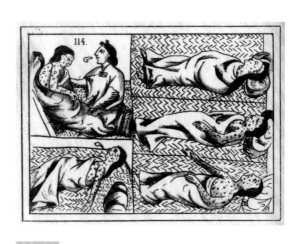

家与艺术家创作灵感的来源。据
传，巴尔扎克一生喝掉了约5万
杯咖啡，他是靠着1.5万杯咖啡才
完成了巨著《人间喜剧》，马克·吐
温则说：几乎所有作家都是烟草
的"瘾君子"。

　　欧洲殖民者带来的天花、麻
疹、流感、斑疹伤寒、白喉等传
染病，对新大陆的印第安人是一
场浩劫。他们已经同旧大陆的人类
隔绝了上万年，对这些疾病基本

描绘16世纪阿兹特克天花受害者的插画

没有免疫机能。肆虐的疾病很快夺走了数以万计原著民的生命，导致其人口在一两个世纪之内锐减了95%。澳大利亚、非洲南部和太平洋诸岛国的原著民，在接触到欧洲传染病后的病死率高达50%~100%。

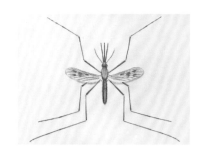

四斑按蚊

　　当然，在这场"病菌大交换"中，没有人是胜利者，疟疾、黄热病等病菌也埋葬了无数的欧洲殖民者。在美国独立战争中，疟疾使大批英国士兵倒下。美国著名环境史学家麦克尼尔因此说，传播疟疾的四斑按蚊"高高地站在开国元勋们的上方"。而非洲人则因基因优势对疟疾免疫，被大量贩卖到北美成为奴隶，充当新劳动力。

《英国人撤离瓦尔赫伦岛》。1809年，第五次反法同盟战争期间，4万英军在瓦尔赫伦岛登陆，4000人死于疟疾或伤寒

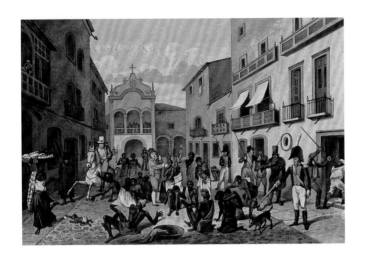

被卖到美洲的黑人奴隶

此外还有传闻说，哥伦布一行从美洲返回西班牙时，把梅毒传遍了欧洲，但史学界对这一说法的真伪还存争议。但不争的事实是，在青霉素发明之前，梅毒在欧洲肆虐了400年，法国国王路易十四和尼采、贝多芬、高更、舒伯特等名流都是受害者。

16世纪欧洲治疗梅毒病人的场景

（三）古代中国与世界的物种交流

　　我国自古以来就是一个崇尚礼仪、热爱和平的国度，中华农耕文明源远流长，我们的祖先以海纳百川的心胸，大量吸纳优秀外来物种为己所用。如今，很多引进的物种已经融入中国老百姓的日常生活，成为中国农业地理格局和中国文化重要的塑造和推动力量。

张骞出使西域图，藏于敦煌莫高窟第 323 窟

敦煌壁画中描绘的
往返于丝绸之路的
商队

1."丝绸之路"

汉武帝时期，张骞两次出使西域，开通陆上丝绸之路，最北到达里海海岸，首次带回了葡萄、甜瓜、大葱、大蒜、香菜、胡麻、蚕豆、茄子、黄瓜、绿豆等蔬果种子。西晋文学家张华在《博物志》中记载："汉张骞出使西域，得涂林安石国榴种以归，故名安石榴。"

宋代法常《写生卷》（现藏于台北故宫博物院）描绘的石榴

张骞出使西域打通了中原对外的交流与贸易渠道，引进了西域丰富的蔬果和良马、骆驼，以及各种珍禽异兽，丰富了中原的物质文化生活，双向贸易也促进了西域地区的社会进步。

东汉绿釉陶骑马俑

南北朝时期的陶骆驼

2. "海上丝绸之路"

据《汉书·地理志》记载，汉武帝平定南越后，就遣使沿着百越民间开辟的航线，远航至南海和印度洋。这是有关海上丝绸之路最早的文字记载。东汉时期，班超派甘英出使大秦（古罗马帝国），到达波斯湾。在海上丝绸之路上运输的货物并不仅限于丝绸，实际上，它还因不同的贸易物品被冠以很多别名，如"瓷器之路""香料之路""茶叶之路""稻米之路"等。

唐代阎立本《职贡图》（局部，现藏于台北故宫博物院），描绘贞观五年，婆利、罗刹、林邑三国使节团向大唐帝国朝贡

2007 年 12 月，在广东省台山市海域，南宋沉船"南海一号"被整体打捞出水。由于海水和泥沙有效隔绝了氧气，"南海一号"保存了十分丰富的植物遗存。考古专家在船上发现并提取了 3105 粒植物种子和果实，包括水稻、锥栗、橄榄、槟榔、荔枝、葡萄等，这让人们对海上丝绸之路有了新的了解。

宋代画作中的荔枝

"南海一号"古船上遗存的各类香料

3. 玄奘西行

唐太宗在位时期，玄奘西去天竺取经，后著有《大唐西域记》。小说《西游记》使这个故事家喻户晓。这一时期我国从天竺、中亚国家输入了名马、郁金香、芒果、菩提树、金桃树、菠菜等外来物种，进一步丰富了我国的生物物种和农业经济。

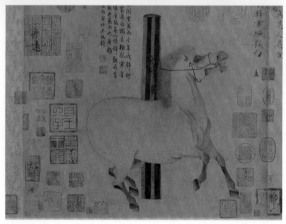

唐代画家韩幹画作。上图为《围人呈马图》，描绘了胡人进献西域马匹；下图为《唐玄宗战马图》

4. 推广占城稻

占城稻是原产于越南的优良稻种，比中国原有品种成熟快，也更耐旱，一年可以种植两季甚至三季，还可以与小麦轮作。在宋真宗的大力推动下，中国

描绘古代水稻种植
场景的木刻版画

农民从 1012 年起开始广泛种植占城稻，这使得中国开始出现粮食盈余，为
宋代后来的经济繁荣奠定了基础。

5. 郑和下西洋

明成祖朱棣在位期
间，郑和奉命率领船队
先后七下西洋，历时近
30 年，往来 30 余国，
最远到达非洲东海岸、
红海沿岸。郑和下西洋
从事的海外贸易虽号称
是"非盈利活动"，但实
际上也获得了巨大的利
益。明代王世贞在《弇
山堂别集》中称郑和之

印度尼西亚纪念郑和下西洋的邮票

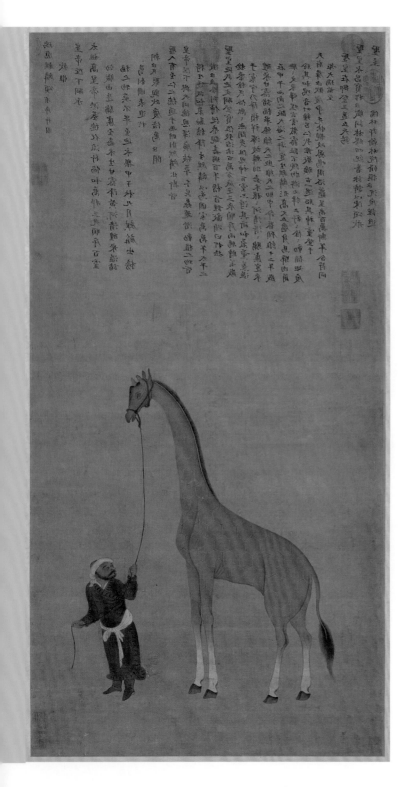

行"所奉献及互市采取未名之宝以巨万计"。

郑和也从海外带回来了种类繁多的动植物,动物有狮子、金钱豹、犀牛、长颈鹿、直角大羚羊、斑马、鸵鸡等,植物有榴梿、椰子、苦瓜、胡椒、乳香、木别子、大象苏木、芦荟、观音竹、雪柳、鼠尾草等。

明代沈度所作《瑞应麒麟颂》(现藏于台北故宫博物院),描绘了郑和下西洋带回的"麒麟"(长颈鹿)

左图："五谷树"雪柳
右图：鼠尾草

6."哥伦布大交换"对中国的影响

大航海对中国也产生了巨大影响。西班牙殖民者控制美洲的银矿之后，把生产出来的大部分白银运到菲律宾用于购买中国生产的丝绸、茶叶等货物，大量流入的白银让明代中期的经济繁荣一时。

成也白银，败也白银。17 世纪，由于欧洲"三十年战争"的爆发，出口到中国的白银减少，造成明朝末期的货币危机，加上边境战火、蝗灾和内部忧患，大明王朝走向了末路。

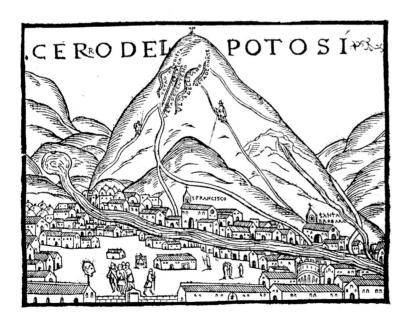

位于南美安第斯山脉赛罗里科山的波托西银矿是人类有史以来发现的最大银矿之一，在西班牙统治的 300 多年时间里，白银总产量高达 2.5 万吨

波托西银矿作业场景。西班牙殖民者在残酷的奴役制度基础上建立起盛极一时的银矿产业，乌拉圭作家加莱亚诺曾强烈控诉"在三个世纪的时间里，赛罗里科山耗尽了800万条生命"

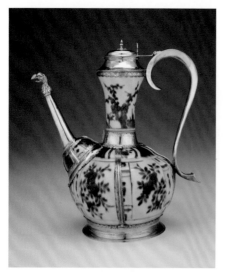

20世纪初剥玉米的我国农村妇女

明代出口欧洲、用青花瓷和银制造的茶壶

　　物种改写历史的能力，丝毫不亚于白银。从明末到清初的100年间，中国人口出现爆发式增长，这在很大程度上要归功于美洲的高产作物玉米、甘薯、马铃薯等的引进。但由于清政府长期实行闭关锁国政策，中国错失了大航海时代的更大红利，与融入新的世界贸易体系的良机擦肩而过，为近代中国积贫积弱埋下了祸根。

CHAPTER

第二章

影响人类历史进程的
国门生物安全事件

　　随着人类社会的发展，交通运输方式的不断改进，各个国家和地区间的贸易和人员往来逐渐增多。动植物和微生物更容易突破原有生态系统的束缚，迁移到新的领地。疫病跨境传播、生物入侵、物种资源流失等国门生物安全事件，对人类文明的发展进程产生了越来越重大的影响。

中国最大陆路旅客口岸拱北口岸，日出入境旅客峰值达 50 万人次

中国"智"造全球最大集装箱船"长益"轮，可装载 24004 标箱，比目前世界最大的航母长 63 米

生物资源流失和濒危物种非法贸易

　　生物资源（物种资源）是指对人类具有实际或潜在用途、价值的动植物、微生物有机体以及由它们所组成的生物群体及生态系统。生物资源是一个国家的核心战略资源之一，对一个国家的生存和发展有着重要意义。1993 年生效的《生物多样性公约》，从国际法层面确认了"各国对其生物资源拥有主权"。

西藏林芝的光核桃树是现代桃树的祖先，堪称桃树中的"活化石"，不仅是宝贵的旅游观光资源，还是难得的天然桃基因资源库

　　英、美等西方国家对生物资源高度重视，很早就在全球范围内开展了生物资源的收集工作。哥伦布开展跨洋远航的主要动因之一，就是为了找到并独占东方的香料植物资源。早在 1759 年，英国就开始筹建规模空前的植物园——邱园，收集植物超过 5 万种，并建设了全球最大的野生植物种子库——"千年种子库"，

邱园中的阿尔罕布拉宫
和中国宝塔

储存了全球约 10% 的野生植物种子，前瞻性地开启了其在植物资源开发方面的布局。[1]

　　到了 19 世纪，英国利用攫取的全球生物资源，一步步建立起"棉花帝国""茶叶帝国""蔗糖帝国"等，打造了到今天仍有深远影响的全球贸易系统，英国也借此迅速崛起成为"日不落帝国"。从生态文明学的角度来看，近代西方世界的兴起有一定的偶然性，并不仅仅是因为他们拥有坚船利炮，更不是他们所宣称的自己拥有更高级的文明、更优越的制度。在海外掠夺其他国家的生物资源，开发出具有巨大经济收益的新物种，是他们

19 世纪邱园中培育植物的工作人员

成功建立起全球经济和军事霸权的重要因素之一。

　　生物资源是人类赖以生存的物质基础。天然物种是人类大部分食物、衣物、药物和工业原料的来源。全球经济总量约 50% 的原料来自天然物种，[2] 全球

1. 加强我国战略生物资源有效保护与可持续利用 [J]. 中国科学院院刊，2019（12）.
2. 世界经济论坛（World Economic Forum）和普华永道会计事务所联合发布的《新自然经济报告》显示，全球总共约 44 万亿美元的经济适度或高度依赖大自然，这一数字约占全球国内生产总值的一半。

英国画家威廉·克拉克1823年画作，描绘了在英属安提瓜岛收割甘蔗的奴隶们，他们用艰辛的劳作支撑起大英"蔗糖帝国"

海洋生物资源也非常重要，全球有超过30亿人的生计依赖于海洋生物的多样性

78%的抗菌试剂和61%的抗癌合成物原料也提取自天然物种。[1]

在生物技术快速发展的今天，生物资源的独特价值更加凸显。1954年，美国大豆产业遭受了孢囊线虫病的沉重打击，最终依靠科学家们翻箱倒柜找出来的、美国传教士几十年前在中国收集的北京小黑豆样本提取出抗病基因，才得以免受灭顶之灾。[2] 屠呦呦用来制造抗疟"神药"、挽救了数百万人生命的黄花蒿，居然是中国乡间常见的、几乎所有人都认为没有什么价值的野草。

1. 朱雪祎,梁正.跨国公司对发展中国家物种资源的掠取行为及应对策略分析 [J].科技进步与对策，2007（03）:11-12.
2. 加强我国战略生物资源有效保护与可持续利用 [J]. 中国科学院院刊，2019（12）.

平凡而伟大的黄花蒿，它的提取物青蒿素对疟疾有很好的疗效

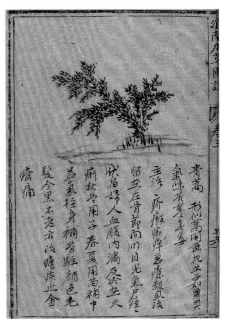

古代医书中对青蒿的记载

　　物种在地球上的分布极不均匀，95%以上的物种起源并分布于发展中国家。[1] 在殖民主义时期，西方列强靠掠夺被殖民国家的生物、矿产等资源大发横财，完成了资本的原始积累。时至今日，西方发达国家仍在利用其所制定和操控的国际规则，利用欠发达国家法律法规不健全、管理缺失等漏洞，对他们的生物资源巧取豪夺，从中牟取暴利，进一步加深了贫富国家之间的鸿沟。

在西方国家主导的"国际分工体系"下艰难生存的埃塞俄比亚农民

1.朱雪祎,梁正.跨国公司对发展中国家物种资源的掠取行为及应对策略分析[J].科技进步与对策,2007（03）:11-12.

（一）世界历史上著名的物种资源流失事件

1. 橡胶树："橡胶王国"易主

橡胶用途广泛，是现代经济的重要支柱，也是当今世界贸易中举足轻重的大宗商品。历史上，巴西曾是世界上最大的橡胶生产和出口国。[1]

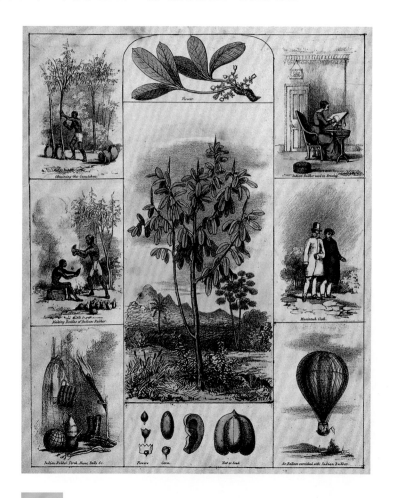

1840 年的彩色石版画，展示了当时人们对巴西橡胶树的使用

---

1. 常东珍 , 黄松甫 . 巴西天然橡胶生产的复兴 [J]. 世界农业 , 1984（3）:2.

1876 年，英国人亨利·威克姆将 7 万颗橡胶树种子悄悄运出巴西，带回英国。由于英国气候条件不适合橡胶树生长，2300 多颗种子培植成幼苗后被送往斯里兰卡、马来西亚等英属殖民地。到 1907 年，两地橡胶种植面积已超过 30 万公顷。

左图：亨利·威克姆
右图：采集橡胶树乳胶的巴西人

亨利·威克姆这一举动打破了只有南美洲国家出产天然橡胶的局面。1930 年，南美叶疫病传到巴西，杀死了当地大多数的橡胶树。到 1940 年，巴西出产的橡胶下降到世界总产量的 1.3%，亚洲成了世界上最大的橡胶树种植区域，马来西亚取代巴西，成为新的橡胶王国。

马来西亚开垦森林建立橡胶种植园的场景。种植橡胶需要将原有森林砍伐烧尽，然后深挖重翻土壤，对环境破坏严重

厦门大学陈嘉庚雕像。华侨为东南亚橡胶产业作出了巨大贡献，爱国侨领、"南洋首富"陈嘉庚和他的女婿李光前都是著名的"橡胶大王"

2. 棉花：见证资本主义的崛起

棉花种植起源于南亚、东非和美洲中部。古希腊学者希罗多德在他的著作中写道："印度有一种奇怪的树，可以长出羊毛。"1498 年，葡萄牙探险家达·伽马绕过好望角抵达印度，印度棉花传入欧洲。17 世纪末，印度一度控制了全球四分之一的棉织品贸易。英国政府为保护本国羊毛业，还曾经立法禁止棉花交易。

1607 年，棉花首次在弗吉尼亚州扎根，很快就成

描绘印度人以传统方式制棉的水粉画

描绘工业革命后英国棉
花厂生产场景的彩色石
版画

为美国最赚钱的农作物。18世纪60年代，欧洲工业革命爆发，棉纺织业技术发生变革，工业棉开始代替印度手工棉。同时，巨大的原棉需求驱使欧洲农场主开始在殖民地种植棉花。

　　1793年，美国的伊莱·惠特尼发明了能迅速将棉花纤维和棉籽分开的机械轧棉机。依靠先进的生产技术、黑奴和新大陆廉价的棉花原材料，美国很快取代印度成为"棉花霸主"，至今仍是世界最大的棉花出口国。

描绘使用原始轧棉机的
美国非裔奴隶的版画
（1869年）

美国白人监工监督黑奴采摘棉花

欧美低价的工业棉织品击垮了印度本土的棉织品制造业，印度沦为原棉供应国。英国在统治印度后，迫使印度人压缩粮食作物生产，扩大原棉及其他经济作物生产规模，导致印度长期笼罩在饥荒的阴影中。

班加罗尔瘦骨嶙峋的儿童（1876年）。1876—1878年，干旱导致印度农作物歉收，但英国殖民政府仍持续出口粮食，造成印度大饥荒，超过500万人因此死亡

3. 金鸡纳树："治疟神树"的越洋之旅

疟疾是一种常见的传染性寄生虫病，也是人类历史上危害人类健康时间最久的传染病之一，例如，据印度官方估计，19世纪末至20世纪上半叶每年感染疟疾的印度人有1亿。[1]树皮具有抗疟退烧奇效的金鸡纳树为原产于南美洲安第斯山脉的常绿小乔木，适宜生长在热带和亚热带海拔800~3000米的山地，为美洲独有树种。美洲印第安人很早就把金鸡纳树皮作为药材使用，欧洲人到美洲后，知晓了这一"秘鲁树皮"的效用，并于17世纪30年代把它作为药材传入欧洲。

1. 毛利霞、宋淑晴.20世纪初英属印度的疟疾防治探析 [J]. 鄱阳湖学刊,2023,1期.

左图：金鸡纳花
右图：1662 年欧洲出版物中
的金鸡纳树插图

　　在天主教会的支持下，使用金鸡纳树皮治疗疟疾逐渐推广开来，需求量不断增加，但美洲的野生金鸡纳树资源经过多年的破坏性开采，已经开始萎缩。德国博物学家洪堡在 1795 年的一份报告中指出，金鸡纳树每年的砍伐量已超过 2.5 万棵。为保证这种重要药材的供应，欧洲人向南美派出植物猎人，试图开展大规模移植引种。而此时在南美独立浪潮中建立的新兴国家，已经加强了对金鸡纳树资源的保护。1844 年，玻利维亚出台政策，禁止出口金鸡纳树种子和树苗，因为该国当时 15%的税收来自金鸡纳树皮的出口。在秘鲁，有军官甚至宣称："如果谁胆敢将金鸡纳资源偷运出境，就抓起来砍断双腿。"

收集金鸡纳树皮
场景的照片（现
藏于英国惠康收
藏博物馆）

欧洲人的移植引种行动进展很不顺利。1848年，在历经多次挫折后，法国植物学家威德尔从美洲带回一些金鸡纳树的种子，金鸡纳树首次在美洲之外生长起来。后来，荷兰人从法国人处分得一些金鸡纳树幼苗，将其移植到荷属殖民地、今印度尼西亚的爪哇岛。英国人也不甘落后，1860年，英国探险家查德·斯普鲁斯和邱园工作人员罗伯

英国画家 Mason. Jackson 1862 年创作的木版画《在印度 Neilgherry 山种植的第一棵奎宁树》（现藏于英国惠康收藏博物馆）

特·克劳斯采集了 600 多株金鸡纳树幼苗和 10 万颗种子交给邱园。此后，金鸡纳树在印度试种成功，并被推广到欧亚大陆、非洲、大洋洲等地区。

虽然人们对欧洲植物猎人引种金鸡纳树的行为还有争议，一些人认为这是偷盗行为，但无可争辩的事实是，随着金鸡纳树种植的推广，金鸡纳树皮产量大增，使以金鸡纳树皮为原料制作的抗疟药物产量增长，而价格大幅下跌，使得越来越多的人用得起这些药物，疟疾的传播得到有效控制。在激烈的竞争中，荷兰人逐渐成为了霸主。到 20 世纪初，荷属种植园生产供应了世界市场上 97% 的金鸡纳树皮份额，直到第二次世界大战期间，日军占领东南亚，荷兰人才失去垄断地位。

荷兰阿姆斯特丹嫁接金鸡纳树场景的照片（现藏于英国惠康收藏博物馆）

金鸡纳作为药材传入中国也颇具传奇色彩。1693年，康熙皇帝患疟疾，久治不愈。传教士洪若翰、刘应等人献上从西南亚寄来的金鸡纳药和其他西药，很快就治好了康熙皇帝的病。康熙皇帝大喜，给予重赏。有了皇帝的加持，金鸡纳药很快风行国内，并被接纳作为传统中药。清末民初，我国台湾、广东、云南、海南等地陆续引种金鸡纳树。后来，由于按蚊疟原虫普遍产生了抗药性，以及其他原因，我国又紧急启动研发抗疟新药的科研工程。20世纪80年代，青蒿素应运而生，成为可与奎宁媲美的抗疟药。

康熙皇帝与
欧洲耶稣会
传教士

4. 无辜的"侵权产品"

在殖民主义时期，殖民者掠夺落后国家的生物资源依靠的是赤裸裸的武力。而今天西方发达国家使用的武器不是刀枪，而是现代科技和知识产权制度。发达国家一些商人、跨国公司通常通过欺骗的手法获取发展中国家的生物资源进行开发，然后申请专利保护，用"合法的手段"窃取发展中国家的物种主权。这些人和公司被称为"生命海盗"。

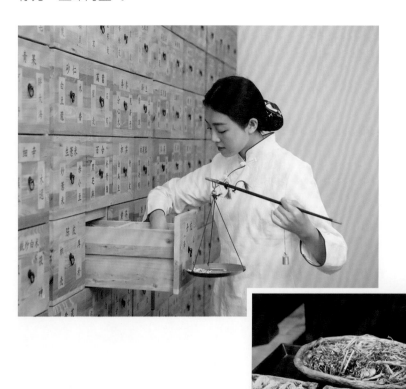

我国传统中医药也是被觊觎的资源

印度出产一种形状细长、香味浓郁的大米，这是印度传统的出口产品，每年出口额高达 3 亿美元，享有"皇冠上的珠宝"的美誉。1997 年，美国水稻技术公司（RiceTec）成功申请印度香米 20 多项专利，随即向国际市场推出自己生产的印度香米，印度原本长期出口的香米反倒成了"侵权产品"。

插秧的印度
农民

　　墨西哥是传统的玉米种植大国，拥有 100 多个自然培育的玉米品种。其中，有一种原产于拉丁美洲的玉米含油量很高，是墨西哥农民世代种植的品种。后来，美国杜邦公司抢注了这种玉米的专利权。墨西哥农民种植这种玉米，或用这种玉米加工食用油、饲料等产品，都需要向杜邦公司支付专利费。

美国机械化收割玉米地的场景

与此同时，美国利用与墨西哥等国签订的《北美自由贸易协定》，向墨西哥市场大量倾销美国转基因玉米，这些玉米因为有美国政府的补贴，价格比墨西哥当地玉米低很多。一些在价格战中完败的墨西哥农民迫于生计转而种植大麻等毒品，墨西哥也因此成为全球主要毒品生产基地之一。

大麻与美元，美国境内大麻等毒品很多来自墨西哥

5. 孟山都的阴谋

阿根廷曾是世界上重要的农产品出口国。1996 年，为了偿还美元债务危机产生的巨额外债，阿根廷引进美国孟山都公司的高产转基因大豆，试图通过农业转型脱离经济困境。孟山都开始以很低的价格推销其大豆种子和农药，还向农民发放信贷、提供赊购优惠，而对专利费只字不提。产量高、虫害少、价格优惠的孟山都转基因大豆很快就占领了阿根廷 99% 的大豆市场，阿根廷本土的大豆种子企业纷纷倒闭破产。此时，孟山都才露出狰狞的面目，大幅提高种子价格，同时开始向阿根廷农民收取专利费，使很多农民陷入赤贫境地。[1]

美国使用 DDT 灭蚊的场景。在世界各地推广污染严重的杀虫剂 DDT，差点使美国国鸟白头海雕灭绝，这也是"最邪恶公司"孟山都的另一劣迹

1. 蒋高明. 警惕转基因巨头"蚕食"他国农业 [J]. 农村经济与科技：农业产业化，2010（2）：2.

阿根廷失去了对本国大豆产业的控制，经济遭到重创，贫困率从 5% 上升到 51%，并且付出了巨大的生态代价。之前为了种植转基因大豆，阿根廷砍伐了大片森林，许多牧场被摧毁，水源被污染，传统的农牧业被破坏。这个曾经以优良畜牧业著称的国家，竟然沦落到要从国外进口牛奶的境地。生态和经济条件恶化迫使阿根廷数以万计的农民离开土地，引发了社会动荡。

潘帕斯草原上的牛群

阿根廷并不是唯一的受害国。在实现对阿根廷大豆产业的全面控制后，孟山都又将目光投向了南美另一个农业大国——巴西。巴西原本对转基因作物非常警惕，不允许在其国内种植转基因大豆。孟山都就双管齐下，一方面买通巴西官员，通过非法途径将转基因大豆种子从阿根廷偷运到巴西，以很低的价格向巴西农民倾销，迅速侵占巴西市场；另一方面，通过商业渠道，先后收购了巴西的国有大

巴西机械收割大豆
场景

豆公司 Terrazawa、最大的大豆种子生产商 Monsoy，以及巴西主要的玉米、棉花种子企业，占据了巴西粮食市场的主要份额，然后向巴西政府施压，使其在巴西国内的扩张与销售合法化。

　　印度的棉花产业也遭到了孟山都的暗算。孟山都先以高价收购了印度最大的棉花种子公司，然后以很低的价格向印度农民大力推销其转基因棉花种子。在快速占领超九成印度棉花种子市场后，孟山都马上抬高棉花种子和农药的价格牟取暴利，印度农民纷纷破产，超过 30 万人因债务流离失所。

印度棉田

以传统方式织布的印度妇女

（二）历史上我国生物资源流失状况回顾

我国自然禀赋优越，生物资源总量约占全球总量的 10%。[1] 我国也是世界上生物多样性最丰富的国家之一，有高等植物 3.6 万多种，排名全球第三，仅次于巴西和哥伦比亚；有栽培作物 1339 种，其野生近缘种达 1930 个，是水稻等重要农作物的起源地；有家养动物品种 576 个，是世界上家养动物品种最丰富的国家之一。[2] 我国丰富的生物资源引起了西方一些国家的觊觎。

张家界国家森林公园有木本植物 93 科、517 种，比整个欧洲多出一倍以上

1. 古代桑蚕种质资源的流失

中国是丝绸的发源地和主要出口国，长期以来，丝绸都是世界各国贵族珍爱的奢侈品。桑蚕作为丝绸的原料，是各国都渴望得到的战略资源。

---

1. 陈宜瑜. 推进"后 2020 时代"全球生物多样性保护. https://m.china.com.cn/appdoc/doc_1_28_1503906.
   html
2. 人民网报道。

描绘中国人采桑喂蚕的版画（18世纪）

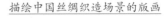

描绘中国丝绸织造场景的版画

色彩斑斓的汉代丝绸

绘有精致图案的唐代丝绸

（1）南梁时期东罗马帝国盗取桑蚕

因波斯控制了丝绸贸易并抬高价格，罗马与波斯进行了三年战争。公元550年，东罗马帝国查士丁尼大帝召见几位修士，许诺他们若带回桑蚕卵种，必以重金奖赏。这几位修士不远万里来到中国，伪装成佛教徒偷习中国制丝技术，又将桑蚕卵种藏匿在空心的手杖中带回国。从此君士坦丁堡成为欧洲最大的丝绸织造和出口基地。

（2）唐代桑蚕和丝织技术流入波斯

据唐玄奘《大唐西域记》记载：于阗（今新疆和田市）国王听说"东国"（中原地区）有桑蚕但不许私自携带外出，于是向"东国"求婚，并派出使者劝说公主带回桑蚕之种以在将来制作衣裳。公主在和亲时将桑蚕种子放在帽子的丝絮里带往于阗国，从此于阗国便有了桑树和家蚕。

查士丁尼大帝接过藏匿蚕卵的竹杖

7—8世纪东罗马帝国（拜占庭帝国）
的丝绸制品

宋代画家模仿唐代画家张萱所绘的《捣练图》，展现了丝绸的织造过程（现藏于美国波士顿美术博
物馆）

1900 年，"敦煌大盗"英国人斯坦因发现一幅古代版画。版画中央画着一个戴帽的贵妇人，左边有一侍女用右手指着她的帽子。画中的贵妇人被认为就是帽中夹带桑蚕种的"东国"公主。

斯坦因发现的木版画《传丝公主》（现藏于大英博物馆）

桑蚕传入于阗国后，掌握着中亚地区控制权的萨珊王朝也获得了桑蚕种子。据历史记载，在隋唐时期，波斯人已能自己生产技术要求较高的绫锦。

6—7 世纪萨珊王朝的丝绸碎片

（三）近代我国物种资源的严重流失

鸦片战争后，我国国门洞开，沦为半殖民地半封建社会，成为欧美"植物（动物）猎人"的天堂，我国特有的观赏、经济物种被大量盗挖盗采并偷运出境，优质物种资源流失严重。最早在我国采集植物标本的主要是欧洲人，时间可以追溯到 17 世纪中叶。

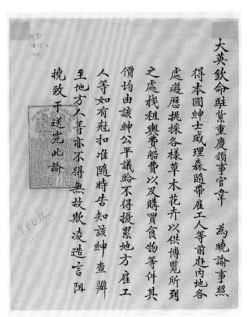

早期西方探险家在长江边记录下被捕获的白鲟照片和原始笔记

清代宫廷画家、意大利人郎世宁所绘《锦春图》（现藏于台北故宫博物院），所绘的红腹锦鸡为我国特有鸟种，后被引入欧洲

清政府为"植物猎人"开具的文书

1. 茶叶大盗：罗伯特·福琼

　　早在 17 世纪，中国茶叶就以其独特的风味席卷了英伦三岛，"神奇的东方树叶"成为从贵族到平民的生活必需品。英国政府每 10 英镑税收中，就有 1 英镑来自茶的进口和销售。[1]

　　受英国东印度公司委派，切尔西皇家植物园园长罗伯特·福琼多次前来中国盗取茶苗和茶种。1851 年，罗伯特·福琼为英国东印度公司带回中国茶叶的全部核心机密：17000 粒茶种、23892 株小茶树、一个成熟的茶叶种植团队和全套的茶叶制作工艺。

中国早期茶叶种植生产场景

1917 年的四川背茶工

假扮成中国商人的罗伯特·福琼（左四）

---

1. 萨拉·罗斯. 茶叶大盗：改变世界史的中国茶 .[M]. 孟驰，译. 北京：社会科学文献出版社，2015.

罗伯特·福琼盗走的茶种从此遍布喜马拉雅山南麓。1851 年，在第一届世界博览会上，罗伯特·福琼向世界推荐了大吉岭红茶，同时还编造了中国茶含有有毒的普鲁士蓝成分的谎言，中国从此失去了最大茶叶出口国的地位，对外贸易出现大量逆差。而印度制茶行业迅速崛起，阿萨姆、大吉岭、尼尔吉里成为全球著名产茶区。

沃德箱，一种用于植物密封保护、长时间运输的玻璃容器。罗伯特·福琼就是使用这种容器将茶叶走私运往殖民地印度的

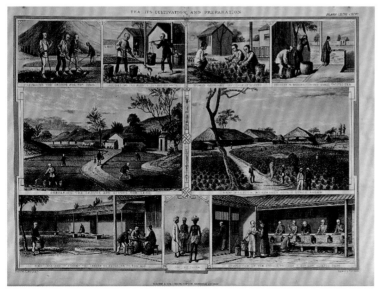

早期印度茶园试种茶叶的景象

印度大吉岭地区的茶园

英国维多利亚时代插画
家、绘本作家凯特·格
林纳威描绘三名年轻女
子喝茶场景的画作

2. 西方对我国杜鹃种质资源的掠夺

我国是世界上杜鹃品种最多的国家，在我国西南部横断山脉地区的云南、西藏、四川等地，分布着十分丰富的野生杜鹃群落。18 世纪末到 19 世纪初，欧洲园艺家十分崇尚杜鹃，一棵品质好的杜鹃树能卖到 100 法郎，相当于普通家庭几个月的收入。在利益的驱使下，大批"植物猎人"来到我国采种。

1892 年，美国烟草公司发行卡片上的
杜鹃花

描绘英国探险家在喜马拉雅山采集杜鹃花场景的插画
（1854 年）

19 世纪，法国传教士法盖斯在四川收集到喇叭杜鹃、粉红杜鹃、四川杜鹃标本。罗伯特·福琼从浙江天目山带走花色外部淡红、内中黄绿，非常珍贵的云锦杜鹃；弗兰克·金登·沃德先后八次在我国采集毛柱、假单花、白喇叭、黄杯等 100 余种杜鹃；乔治·福雷斯特采集似血、凸尖、朱红、紫背等 200 多个杜鹃品种带回英国；[1] 欧内斯特·亨利·威尔逊在十年内为英国引种了大白、

云锦杜鹃，种名 fortunei，以"植物猎人"罗伯特·福琼的名字命名

1. 林佳莎, 包志毅. 英国的"杜鹃花之王"乔治·福雷斯特 [J]. 北方园艺, 2008, 191（08）: 140–143.

山光、美容、宝兴等 50 多个杜鹃品种。

杜鹃的收集，直到 20 世纪仍然是西方"植物猎人"的重要工作。"无鹃不成园"，世界上每一个有名的植物园都以拥有中国稀有的杜鹃品种为荣。

3. "杜鹃花之王"：乔治·福雷斯特

乔治·福雷斯特原供职于英国爱丁堡皇家植物园，因他植物知识丰富且性格坚韧、有冒险精神，便被选派到中国进行植物采集。他的采集区域主要在世界上动植物资源最丰富的地区之一——云南。1904 年至 1931 年间，他在云南进行了七次植物考察活动。

美国达拉斯植物园里的杜鹃

左图：乔治·福雷斯特
右图：乔治·福雷斯特率领的带着大量植物标本和绘图纸的队伍

乔治·福雷斯特专门学习当地语言，雇用丽江摩梭人采集各种植物标本以供研究，同时采集滇西高山所产珍奇森林园艺植物种子、球根，送回英国供园艺家繁殖试验。他的采集成果十分丰硕，除了植物，还包括动物，特别是哺乳动物数量庞大，种类繁多，十分珍稀。他采集了 3 万多份标本，发现大量新物种，仅以其名字为学名的物种就超过 30 种。

乔治·福雷斯特引种的华丽龙胆

英国爱丁堡皇家植物园内的橘红灯台报春，也是乔治·福雷斯特引入英国的

乔治·福雷斯特的行为不仅造成我国种质资源大量流失，还对当地植物造成了严重破坏。1919年，他在云南腾冲高黎贡山区发现了世界上已知的最高、最大的大树杜鹃后，竟不顾一切让人把这棵大树拦腰截断，并锯下其中的一段树干，偷偷带回英国。

大树杜鹃

乔治·福雷斯特截取的大树杜鹃树干断面切片标本（现藏于大英博物馆）

4. "第一个打开中国西部花园的人"：欧内斯特·亨利·威尔逊

1898年，欧内斯特·亨利·威尔逊被当时欧洲最大的园艺公司——英国维奇公司雇佣到中国寻找珙桐树。1900年，他终于在一片密林中找到了珙桐，于是一口气采了13000多枚珙桐种子寄回英国，此外还有上百种植物标本和植物新种，包括巴山冷杉、大白花杜鹃、虎耳草、山玉兰、尖叶山茶、红桦、小木通、盘叶忍冬、血皮槭等。

欧内斯特·亨利·威尔逊

欧内斯特·亨利·威尔逊拍摄的
背茶工人

在 1899 年至 1911 年的 13 年里，欧内斯特·亨利·威尔逊先后四次来到中国，三次进入横断山域考察，收集了 4500 种植物，并将 1593 种植物的种子和 168 种植物的切根带回西方国家。他引种了大量的园林花卉植物，其中有 60 种植物以他的名字命名。欧洲几乎没有哪个植物园没有种植他引进的植物，他惊叹于中国丰富的植物宝藏，称中国为"园林之母"。

欧内斯特·亨利·威尔逊发现的"中国鸽子花"——珙桐花

欧内斯特·亨利·威尔逊拍摄的高山下盛开的花朵

欧内斯特·亨利·威尔逊组织的在我国台湾山区采集植物标本的队伍

5. 植物采集"独行侠"：弗兰克·金登·沃德

1907 年，英国人弗兰克·金登·沃德乘船来到中国，成为上海公立学校的教师，但教师对于他只是一种谋生手段。两年后，为了周游中国进行探险考察，他向学校递交了离职报告。

左图：弗兰克·金登·沃德
右图：被弗兰克·金登·沃德称为"喜马拉雅蓝罂粟"的绿绒蒿

"植物猎人"弗兰克·金登·沃德一生中有 40 年的时间在中国考察。从 1911 年开始，他走遍了中国云南和西藏，以及缅甸、印度阿萨姆邦最偏远的角落，为英国引进了上百个杜鹃品种，以及腺瓣虎耳草、矮龙胆、点地梅和绿绒蒿等植物。

弗兰克·金登·沃德引种的黄杯杜鹃，又叫"沃德杜鹃"

6. 被带到新西兰的猕猴桃

早在 2000 多年前，猕猴桃就以苌楚之名出现在《诗经》中，但长期以来猕猴桃在中国一直被当作野果对待。1903 年，新西兰某女子学校的校长弗雷泽在中国宜昌的市集里第一次见到了猕猴桃，酸酸甜甜的口感让她很是喜欢。1904 年，她将猕猴桃的种子带回了新西兰。

新西兰北岛气候条件很适合种植猕猴桃。1910 年，弗雷泽带回的种子由育种专家阿利森栽培成功，后来新西兰农学专家又进行了几十年的改良。1959 年，奥克兰水果包装人员为避税，将其改名为毛利语的"Kiwi"（奇异果），也有人说改名是因为猕猴桃长得像新西兰几维鸟。据海关总署统计，2022 年我国进口

不同种类的猕猴桃

猕猴桃共 11.8 万吨，其中从新西兰进口的占比高达 91%。有趣的是，英国和美国在新西兰之前也引种过猕猴桃，但都失败了。后来才发现，他们引进的猕猴桃植株都是雄的。

据统计，从 17 世纪到 20 世纪，有记录的在我国采集植物标本的外国学者、传教士、外交官、商人等共有 316 人，采集植物标本约 121 万份。[1]

几维鸟变身奇异果

全缘叶绿绒蒿

1. 杨永 . 我国植物模式标本的馆藏量 [J]. 生物多样性，2012，20（4）：512–516.

9. 野马被偷盗

普尔热瓦尔斯基，19世纪俄国著名的探险家和旅行家。1870年至1885年，他先后四次到我国蒙古、塔里木盆地、准噶尔盆地和青海等各地探险，搜集和整理了上万份动植物标本。

1878年，为培育优秀良马品种，俄国沙皇派遣普尔热瓦尔斯基率考察队伪装成商队进入我国新疆，猎杀了9只野马并剥去野马皮带回俄国，这一行为迅速引起了轰动。俄国生物学家惊喜地

1947年发行的纪念普尔热瓦尔斯基的邮票

发现，这种野马是世界上一切"野马之母"，他们欢呼这是"了不起的探险发现"。俄国沙皇亲自将这种野马命名为"普尔热瓦尔斯基马"。

草原上的普氏野马

由于此前社会上普遍认为没有野马存在，此次发现后其他欧洲殖民者也开始来新疆疯狂捕猎野马。1890 年，德国人来到科布多草原，用网捕法、套马技术捕捉了约 80 余匹野马驹，等到了德国只剩下不到 30 匹。自此，野马流落他乡近百年。直到 1984 年，终于在国际多方努力下回归故土，重新见到自己祖先繁衍奔驰的中华大地。

1874 年在莫斯科动物园的欧洲野马 "Tarpan"

俄国沙皇后来又多次派普尔热瓦尔斯基组建考察队前往我国寻找活野马，但都无功而返，不过普尔热瓦尔斯基还是在几次考察中带回大量我国珍贵的物种标本。他搜集到 702 张兽皮，爬行和两栖动物 1200 种，鱼类 75 种，鸟类 50 余种 5000 多只，1700 种共计 15000 株植物标本。

10. 国宝大熊猫被偷盗

1869 年，法国传教士阿尔芒·戴维在四川捕获一只"黑白熊"，将其命名为"猫熊"（大熊猫）。遗憾的是这只大熊猫很快便死去了，阿尔芒·戴维将其制成标本带回法国，引起了西方的轰动，国外探险家纷纷来到中国想猎取大熊猫。

1906 年，美国芝加哥菲尔德自然历史博物馆年度报告中的大熊猫图像

19 世纪，西方人绘制的大熊猫

1936 年，美国人露丝刚结婚两周，她的丈夫便前往中国，希望带回几只大熊猫，但不幸的是，到中国没多久他就病逝在上海。为完成丈夫"遗志"，露丝来到四川汶川，5 个月后捕获了一只大熊猫，取名"苏琳"。她用竹筐装着大熊猫幼崽，伪报为哈巴狗，以"行贿"方式过关带回美国。

左图："熊猫夫人"露丝与"苏琳"
右图：在芝加哥菲尔德自然历史博物馆展出的大熊猫"苏琳"标本

"苏琳"最终以 8750 美元的高价被卖给了芝加哥布鲁克菲尔德动物园，参观人数最多一天达 4 万多人。露丝名声大振，被称为"熊猫夫人"。她后来再一次来到中国，在成都从猎人手中购买并带走了一只名叫"梅梅"的大熊猫。可惜的是，几年后两只大熊猫因不同原因死去。之后几年美国又从中国带走了 9 只大熊猫。

幼崽"梅梅"与成年"苏琳"在动物园首次相见

（四）中华人民共和国成立后，"生命海盗"对我国生物资源的盗取

中华人民共和国成立后，我国收回海关主权，加大出入境检疫监管力度，从根本上扭转了生物遗传资源随意外流的状况。但我国丰富的生物资源，一直是国外"生命海盗"觊觎和窃取的重点目标。特别是随着我国对外贸易和国际合作交流的日趋频密，一些国外机构和个人利用我国法规和管理上的漏洞，通过盗窃、产业合作、国际贸易、学术研究等方式巧取豪夺，造成我国宝贵生物物种和基因资源的流失。

2018 年，昆明海关在旅检出境渠道截获《濒危野生动植物种国际贸易公约》附录 Ⅰ 物种野生硬叶兜兰 598 株。经查为境内人员在云南文山麻栗坡盗采后交由嫌疑人携带出境倒卖

以大豆为例，我国是大豆的原产地，拥有全世界 90% 的野生大豆资源，长期以来一直是大豆的生产大国和净出口国。1995 年，出于资源优化配置和粮食安全战略的考虑，国家开放了大豆进口，进口量不断增加。根据美国农业部和中国国家统计局的数据，2021 年中国大豆消费量为 11670 万吨，本国产量为 1640 万吨，自给率仅为 14.05%，进口量为 9652 万吨，主要来源国为巴西、美国。[1] 大豆进口不仅满足了国内日益增长的用油和饲料等市场需求，还为国内节省了大量耕地。但对外依存度与市场集中度较高，也对我国大豆市场的供应稳定和价格平稳造成较大压力。

---

1. 汤碧，李妙晨 . 后疫情时代我国大豆进口稳定性及产业发展研究 [J]. 农业经济问题，2022，514（10）：123-132.

大连海关所属大窑湾海关登轮验放 6.6 万吨进口大豆

美国为了研发转基因大豆，几十年持续不断收集我国北方野生大豆资源。美国农业部留存的中国大豆品种和亚种样本已经达到约两万种。根据美国官方公布的数据，截至 2002 年 6 月 30 日，共从中国引进植物资源 20140 份，其中大豆资源 4452 份，含野生大豆 168 份，而中国官方记录同意提供的只有 2177 份，而且野生大豆并没有被列入中国对外提供的品种资源目录。2000 年，美国孟山都公司利用从我国一种野生大豆品种中发现的高产与抗病基因，向包括中国在内的全球 101 个国家申请了 64 项转基因大豆专利，让我们陷入了"种中国豆、侵美国权"的尴尬境地。

美国农业部种子库（美国国家遗传资源保护中心）的植物样本

"北京烤鸭"的事例也发人深省。让很多人难以相信的是，目前我们在国内市场上见到的大多数"北京烤鸭"，都是用名为"樱桃谷鸭"的英国鸭种制作的。这是由英国樱桃谷农场公司用北京鸭的种鸭，在英国配种繁育出来的瘦肉型鸭，是"北京鸭"的正宗后裔。除了"北京烤鸭"，国内"盐水

樱桃谷鸭成为英国出口的明星产品，英国女王为此两度为樱桃谷农场公司颁发"女王勋章"

在纽约栽培的 1600 棵新疆野苹果树结出的部分果实。美国为提高苹果抗病性，从中亚收集了大量新疆野苹果种质资源

鸭""樟茶鸭"等名牌鸭子产品也大都使用樱桃谷鸭生产。我国每年要花费数亿元进口樱桃谷鸭，而北京鸭、高邮鸭、江苏麻鸭等本土传统鸭种的养殖量却大幅下降。

合作进行资源开发或学术研究，是国外机构获取我国生物资源另一种常用的手段。我国新疆伊犁拥有丰富的野生苹果资源，是世界上重要的苹果育种基因宝库。20 世纪 90 年代，日本农林水产省国际农业研究中心、日本国立静冈大学、哈萨克斯坦科学院植物研究所等高校和研究院先后与伊犁当地的研究机构合作，以研究与保护天山野生果树资源名义，建立了多个国际合作项目，通过"合作研究开发"的机制获取宝贵的新疆野苹果种质资源。

2019 年，昆明海关所属瑞丽海关查获一起违规出口 2.8 吨濒危植物鲜石斛的案件

　　我国云南是花卉大省，依靠得天独厚的地理、气候和原生花卉资源条件，建立起亚洲最大的花卉生产和出口基地。为数不少的外资企业和研究机构因此落户云南，通过学术研究、共同开发等名义获取野生兰花等花卉资源。20 世纪 90 年代初，日本铁木真电影公司到云南拍摄野外风景，在当地林业部门协助下，对麻栗坡、马关、文山等县市的野生兜兰原生境进行拍摄，"顺便"将这些兜兰的种苗和种子带回日本种植，导致我国珍贵的兰花种质资源流失。

　　外国人直接盗取生物资源的事件也时有发生。如 2005 年、2006 年，我国重庆金佛山地区先后发生数起日本游客和植物学专家偷窃珍稀物种巴山榧和红豆杉的案件。偷盗中国蝴蝶的事件更为频繁。我国是世界上蝴蝶资源最丰富的国家之一。日本人小岩屋敏主编的《中国蝴蝶研究》介绍了逾百种中国特有的蝴蝶新种，很多被冠予了日本名字，如"龟井绢粉蝶""西村绢粉蝶""上田绢粉蝶"等，而这些蝴蝶，都是在我国云南、四川等地非法

美丽的绿凤蝶。我国是"蝴蝶大国"，已经发现的蝴蝶品种有 2200 余种

偷捕的。小岩屋敏本人就曾因藏带中国蝴蝶标本被驱逐出境。日本学者将这些蝴蝶新种夹带出境后，往往抢先发表研究论文争取国际认可，导致许多中国珍稀蝴蝶的命名和研究成果、模式标本都为日本人所占据。

2009 年，青岛海关在出境快件渠道查获蝴蝶标本 100 余只，包括国家一级保护品种金斑喙凤蝶、喙凤蝶等

2020 年 2 月，新西兰法院的一个判决在国际上引起了争议。中国人高浩宇夫妇因被认定"非法"引种和销售佳沛公司两个品种的奇异果，被判处赔偿佳沛公司 1500 万新西兰元（约合人民币 6700 万元）。从所援引的法律看，法院的判决无可挑剔，但新西兰的奇异果本就从中国的猕猴桃改良培植而来，且国外相关公司至今仍在中国持续收集野生猕猴桃资源，以不断改良奇异果的品质。这也引发了我们的思考：发达国家"生物海盗"可以在发展中国家合法获取物种资源，而发展中国家种植本国原产植物却要受到国外知识产权限制，面对这种局面，我们应如何破局？

猕猴桃种植园

加大保护力度后，我国藏羚羊数量已增至约 30 万只，保护级别从"濒危"降级为"近危"

近年来，为防止物种资源流失，我国先后颁布《中华人民共和国野生动物保护法》《中华人民共和国野生植物保护条例》《中华人民共和国种子法》《中华人民共和国濒危野生动植物进出口管理条例》等法律法规，加大出境管控力度，严防物种资源流失，取得明显成效。

（五）濒危物种非法贸易

濒危物种是指有种群灭绝危险的野生动植物物种。2019 年 7 月 18 日，世界自然保护联盟（IUCN）将超过 7000 种动物、鱼类和植物列入《世界自然保护联盟濒危物种红色名录》。

1909 年在福建梅花山被猎杀的华南虎

在非洲猎杀大象的第 26 任美国总统西奥多·罗斯福

1. 象牙贸易血泪史

自古以来，象牙就一直受到追捧。几百年来非洲象牙贸易屡禁不止。15 世纪后，欧洲航海家们开启了著名的西非象牙贸易。18 世纪至 20 世纪，随着对象牙需求的增加，欧洲的猎手开始大量猎杀大象。

据媒体报道，20 世纪 70 年代，日本成为最大的象牙消费国，消费总额占全球贸易的 40%，1979 年到 1989 年间进口 5000 吨象牙，相当于杀死 25 万只大

非洲的非法象牙贸易让大象数量急剧减少

象。1989 年，《濒危野生动植物种国际贸易公约》提出象牙国际贸易禁令并于次年生效，但象牙、象牙制品走私仍然活跃。

象牙雕刻品

海关查获的象牙

2. 罪恶的毛皮贸易

阿拉斯加的寒冷气候使其成为珍贵毛皮的主要产区，其中海獭皮价值最高。最先靠着猎杀贩卖海獭毛皮"发家致富"的是俄国人。俄国于 1799 年成立俄美公司，招募"狩猎工人"、奴隶土著捕杀海獭，获取毛皮资源以牟取暴利。

殖民者对毛皮动物毫无节制地捕杀，使阿拉斯加的自然生态遭到巨大破坏。到 19 世纪 30 年代，阿拉斯加的海獭已经大为减少，毛皮贸易因此衰落。

海獭群，对猎人而言，最有价值的部分是它们的毛皮

描绘猎人骑着大象狩猎老虎的画作

拱北海关与南宁海关开展联合查缉行动缴获的整张虎皮

目前，很多国家已禁止珍贵动物毛皮的贸易，但猎杀动物及走私皮草的不法活动依然屡禁不止，老虎等许多稀有动物被猎杀，甚至面临绝种。

3. 血腥的捕鲸史

鲸鱼是地球上最大的哺乳动物，早在人类出现之前，就已经雄霸海洋世界千万年，几乎没有遇到什么大的生存威胁，直到它真正的天敌——人类出现。

人类猎鲸的历史，从远古时代就开始了。但真正开始开启大规模捕鲸活动的是 17 世纪的欧洲。由于工业的快速发展，当时的人们对鲸鱼油脂的需求急剧加大。鲸鱼的全身都

庞大而神秘的鲸鱼千百年来激发了人们无尽的想象

是宝，鲸肉可以食用和做饲料，鲸皮可以制作衣物，而鲸油不仅是优质的照明材料和工业润滑油，还是制作香皂、护肤品、药品等的重要原料。

　　捕鲸的利润十分丰富。当年每捕到一头鲸鱼，每位船员就可以得到相当于陆地上工作半年的收入。于是荷兰人、英国人、挪威人、美国人、日本人……纷纷组建起庞大的捕鲸船队，开展了声势浩大的杀戮活动。据媒体报道，19世纪至20世纪，人类至少

描绘 1601 年荷兰海岸搁浅鲸鱼的画作

杀死了400万头鲸鱼。由于鲸鱼繁殖的速度非常慢，一般2~3年生育一胎，每胎只生一个鲸宝宝，很多大型的鲸类都遭遇了生存危机。

描绘捕鲸场景的画作（1789 年）

19 世纪北冰洋捕鲸场景

　　直到1859年，美国人科农·德雷克在宾夕法尼亚打出了第一口现代工业油井，石油的使用逐渐替代了鲸油，而长期的捕捞也使鲸鱼的数量明显下降、捕猎难度增大，大规模的捕鲸活动才开始受到抑制。

　　为恢复鲸群数量，1986年，国际捕鲸委员会通过了《全球禁止捕鲸公约》，印度洋被宣布为鲸鱼禁捕区。每年被捕杀的鲸鱼数量从2.2万头下降到2700头。[1]然

1.https://news.un.org/zh/audio/2014/04/304842.

而时隔仅一年，由于日本、挪威等国的违约行为，使鲸鱼再次面临大量被捕杀的噩运。特别是日本，在多国联合谴责抗议下仍不收敛，以"科研目的"为借口继续捕捞鲸鱼，甚至在 2019 年公然宣布退出国际捕鲸委员会。由于捕杀鲸鱼的行为很多发生在公海，和其他在主权国家领土上捕猎野生动物的行为不同，很难对捕杀者进行处罚，颁布实施严格的国际法规成为制止滥捕鲸鱼的当务之急。

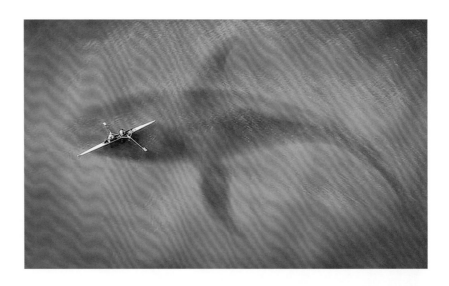

邂逅蓝鲸

　　目前，蓝鲸、长须鲸、北太平洋露脊鲸、塞鲸、灰鲸等大型鲸鱼都处在濒危状态。在地球上生存了 5000 多万年的鲸鱼，这个庞大而又脆弱的物种，正面临着前所未有的困境。

日本人对捕鲸的执念是有着历史和文化根源的

瓜头鲸，已被列入《濒危野生动植物种国际贸易公约》附录Ⅱ

2 生物入侵

　　生物入侵指生物通过自然或人为的途径由原生存地侵入到新的环境，对入侵地的生物多样性、农林牧渔业生产及人类健康造成危害，导致经济损失和生态灾难的过程。1999年，世界自然保护联盟（IUCN）的入侵物种专家组发布了世界上100个最严重的外来入侵物种名单。

肆意蔓生的水葫芦

（一）国外生物入侵的经典案例

1. 欧洲兔入侵澳大利亚

兔子可能是有史以来首次被记载的入侵物种。公元 1 世纪，罗马征服巴利阿里群岛后引入兔子。快速繁衍的兔子破坏庄稼、造成饥荒。1859 年，英国人托马斯·奥斯汀将 24 只欧洲兔带到澳大利亚。由于食物充足、缺乏自然捕食者，到 1926 年，全澳大利亚的兔子数量增长到创纪录的 100 亿只。

在澳大利亚泛滥成灾的兔子

⚠️ **入侵危害**

泛滥成灾的兔子疯狂啃食各种灌木和树皮，使成片树林和灌木丛枯萎，导致澳大利亚大部分地区水土流失，土壤退化现象也日益严重，每年造成澳大利亚农业损失约 2 亿美元。[1] 澳大利亚本土物种的生存受到威胁，小兔形袋狸在 20 世纪 50 年代至 60 年代灭绝。

澳大利亚人捕获的"大号"野兔

1. 肖璐娜 , 张箭 . 兔子在澳大利亚的引进和传播 [J]. 古今农业，2021，127（01）：97–107.

澳大利亚曾通过引进狐狸、释放毒气，甚至引进对人畜及其他野生动物无害的病毒等方式来控制兔子的数量，但效果甚微。2016 年，澳大利亚环境和能源部再次推出新的欧洲兔威胁消除计划，澳大利亚这场持续百余年的人兔之战，被公认为人类历史上最严重的生物入侵事件。

满载被猎杀野兔皮毛的马车

2. 斑马贻贝入侵美国

斑马贻贝是一种小型淡水贝类，原产于俄罗斯南部和乌克兰的湖泊。斑马贻贝能吞食大量浮游植物，消耗水中氧气。此外，它们喜欢在其他贝类身上聚居，致使土生贝类的贝壳无法张开，窒息而亡。

⚠ **入侵危害**

斑马贻贝随着船舶的压舱水向世界各地传播，在无天敌的新环境中迅速繁殖，淤塞水体，引发生态灾难。它导致了美洲近 300 种土生贝类中的 70% 数量下降甚至绝种，并被认为是致命的禽肉毒梭菌毒素中毒的源头。

附着在贝壳上的斑马贻贝

附着在船螺旋桨上的斑马贻贝

斑马贻贝

（二）近代外来有害生物入侵我国的历史

1. 1645 年，马缨丹由荷兰殖民者引入我国台湾

马缨丹，马鞭草科马缨丹属，又名五色梅、如意草，原产于热带美洲。1645 年，由荷兰人引入我国台湾。

⚠️入侵危害

马缨丹适应性极强，常形成密集的单优群落，严重妨碍其他植物的生存，是我国南方牧场、林场、果园、茶园的恶性竞争者，其全株或残体可产生强烈的化感物质，严重破坏森林资源和生态系统，人或牛、马、羊等如误食其叶、花、果等均可引起中毒。

马缨丹

海岛逸生的马缨丹

2. 1827 年，一年蓬随葡萄牙商人传入我国澳门

一年蓬，菊科飞蓬属，又名白顶飞蓬、千层塔、治疟草、野蒿，原产于北美洲，1827 年在我国澳门（当时为葡萄牙租借地）被发现。

一年蓬

⚠入侵危害

一年蓬可产生大量具冠毛的瘦果，随风扩散，蔓延极快，对草原、牧场、农田、桑园、果园和茶园造成危害，也常入侵山林草地或空旷地带，排挤本土植物。它还是害虫地老虎的宿主。

野外逸生的一年蓬

3. 19 世纪 30 年代，刺苋随葡萄牙商人传入我国澳门

刺苋，苋科苋属，又叫野苋菜（该属统称）、土苋菜、刺刺菜、野勒苋，原产于热带美洲，19 世纪 30 年代在我国澳门（当时为葡萄牙租借地）被发现。

⚠ 入侵危害

刺苋常大量滋生，入侵农田、园圃和空旷地带，严重消耗土壤肥力，危害庄稼和蔬菜、瓜果，成熟植株有刺难以清除，易对人畜造成伤害。

上图：刺苋
下图：刺苋的尖刺

4. 19 世纪中期，野燕麦随英国殖民者和外国商人传入我国香港和福州

野燕麦，禾本科燕麦属，又叫燕麦草、乌麦、香麦、铃铛麦，原产于欧洲南部及地中海沿岸。19世纪中叶先后在我国香港和福州采到标本。

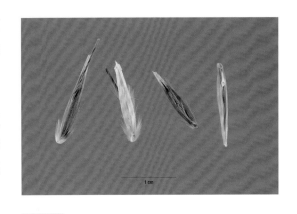

野燕麦种子

野外逸生的野燕麦

⚠ 入侵危害

野燕麦为农田恶性杂草，根系发达，分蘖能力强，常与农作物争水、争光、争肥，从而导致农作物产量降低；其种子易混杂于作物中，降低作物品质。野燕麦能传播小麦条锈病、叶锈病，还是小麦黄矮病等病毒和多种害虫的中间寄主。

5. 1857年，三叶鬼针草随英国殖民者传入我国香港

三叶鬼针草，菊科鬼针草属，又名粘人草、蟹钳草、鬼针草、引线草，原产于热带美洲。1857年，首先在我国香港被报道，后随进口农作物和蔬菜传入我国其他地区。

三叶鬼针草

⚠ 入侵危害

三叶鬼针草是我国南方地区常见的入侵物种，繁殖能力极强，常成片生长在旱田、桑园、茶园、果园，以及村边、路旁和荒地，影响作物产量和其他植物生长，是棉蚜等害虫的中间宿主。

池塘边逸生的三叶鬼针草

6. 1860 年，小蓬草随西方商人传入我国

小蓬草，菊科白酒草属，又名加拿大飞蓬、飞蓬、小飞蓬、小白酒菊，原产于北美洲。1860 年，在山东烟台（当时为《天津条约》规定的通商口岸）被发现。

小蓬草

入侵危害

小蓬草是一种常见杂草，可产生大量瘦果快速蔓延，还能分泌化感物质抑制周边植物生长，对秋收作物、果园和茶园造成严重危害。它是棉铃虫和棉蝽象的中间宿主，其叶汁和捣碎的叶对皮肤有刺激作用。

野外逸生的小蓬草

7. 19 世纪 60 年代，藿香蓟随英国殖民者传入我国香港

藿香蓟，菊科霍香蓟属，又名胜红蓟，原产于热带美洲，19 世纪 60 年代在我国香港被发现。

入侵危害

藿香蓟常见于山谷、河边、草地、林缘、荒地等生境，常侵入玉米、甘蔗和甘薯田等作物地，造成严重危害；能产生和释放多种化感物质，抑制本土植物的生长，常在入侵地形成单优群落，对入侵地生物多样性造成威胁。目前已入侵到一些自然保护区。

藿香蓟

野外逸生的藿香蓟

8.20 世纪初，假高粱随日本殖民者传入我国台湾

假高粱，禾本科高粱属，又叫石茅、约翰逊草、阿拉伯高粱，原产于地中海地区。20 世纪初从日本引到我国台湾南部栽培。

⚠ 入侵危害

假高粱是谷类作物和棉花、苜蓿、甘蔗、麻类等 30 多种作物田里的主要杂草，是很多害虫和植物病害的转主寄主，其花粉易与留种的高粱属作物杂交，使产量降低、品种变劣。假高粱嫩芽聚积有氰化物，牲畜食后易受毒害。

假高粱

可长至两米高的假高粱

9. 1916 年，苹果腐烂病由日本传入我国

苹果腐烂病俗称烂皮病、臭皮病。1903 年，在日本首次发现苹果腐烂病，1916 年传入我国。

苹果园

⚠️入侵危害

　　苹果腐烂病是我国北方苹果树的重要病害，主要为害6年生以上的结果树，造成苹果树整体树势凋零，树主干和枝干枯萎，最后整株死亡，直至整个果园毁灭。

苹果腐烂病患株

10. 1935年，棉花黄萎病随引种的美国棉种进入我国

　　棉花黄萎病是1935年我国从美国引进棉种时传入的，目前已经传遍我国各产棉区。

⚠️入侵危害

　　棉花黄萎病是棉花的头等病害，传播途径广泛，棉籽、病株残体、土壤、肥水、农具等多种媒介都可传播。危害严重，轻则叶片失绿变黄或蕾铃脱落减产，重则整株成片死亡，绝产绝收。该病很难控制，被称作棉花的"癌症"。

棉花黄萎病患株

11. 1937 年，甘薯黑斑病随日本侵略者传入我国

甘薯黑斑病最早于 1890 年发现于美国，1905 年传入日本。1937 年随日本帝国主义的侵略，由日本鹿儿岛传入我国辽宁省盖县，并由北向南逐渐传播至各甘薯产区，成为威胁甘薯生长的重大病害之一。

感染黑斑病的甘薯

⚠️ 入侵危害

甘薯在各个时期都有染上黑斑病的危险。我国每年因甘薯黑斑病导致的甘薯损失约为 10%，严重时达到 40%~50%。[1] 甘薯黑斑病不仅影响甘薯的产量，如果将患有黑斑病的甘薯喂给牲畜，还会引起牲畜中毒甚至死亡。

12. 抗日战争时期，喜旱莲子草作为侵华日军军马饲料传入我国

喜旱莲子草，苋科，莲子草属多年生草本植物。20 世纪 30 年代末日本侵华时被作为军马的饲料引入我国进行栽培。目前已经入侵北京、江苏、江西、湖南、福建、浙江等地区。

喜旱莲子草

⚠入侵危害

喜旱莲子草常成片蔓生，造成所在水域内高等植物灭绝、水生动物消失，破坏生态平衡，并对农业灌溉、水产养殖、粮食生产等造成损害。2003 年，喜旱莲子草被列入我国"第一批外来入侵物种名单"。

野外逸生的喜旱莲子草

13. 抗日战争时期，蚕豆象随日本侵略军的马料传入我国

蚕豆象，鞘翅目豆象科豆象属，原产于欧洲，抗日战争时期，随着日本侵略军的马料传入我国。

⚠入侵危害

蚕豆象幼虫专门啃食新鲜蚕豆豆粒，将豆粒内部蛀成空洞，引起霉菌侵入，使豆粒发黑并产生苦味，使豆粒不能食用；同时影响蚕豆发芽率，可能造成蚕豆 20%~30% 的重量损失。

蚕豆象

3 传染病、动物疫病和食源性疾病跨境传播

（一）传染病

传染病是指病原体感染人体或动物后产生的具有传染性，且在一定条件下可造成人和（或）动物间传播的疾病，其特征为有病原体、有传染性、有流行病学特征和有感染后免疫。

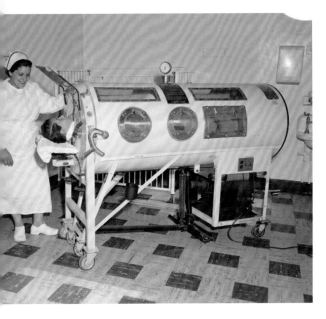

1960 年，一名护士正在照顾使用"铁肺"的脊髓灰质炎流行病患者

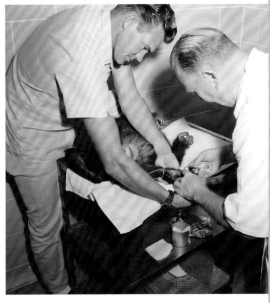

1964 年，美国两名实验室技术人员从灵长类动物身上提取血液样本用于传染病研究

历史上，传染病曾给人类造成重大灾难，公元 541—591 年的查士丁尼大瘟疫、1347—1351 年的黑死病和 1918 年的西班牙流感为人类历史上三次最具毁灭性的流行疾病。[1]

---

1. 李尉民，国门生物安全 [M] . 北京：科学出版社 . 2020.

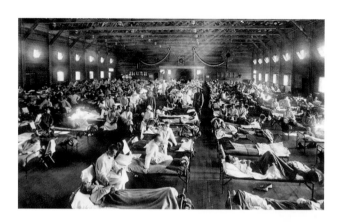

美国堪萨斯州赖利堡的军营医院挤满了感染了西班牙流感的军人

疫苗接种是最有效的传染病防控措施之一

西班牙流感推动了口罩的普及使用。图为 1918 年美国西雅图警察全员佩戴口罩

　　世界卫生组织确定的国际重点关注的传染病包括天花、脊髓灰质炎、霍乱、肺鼠疫、黄热病、病毒性出血热等，我国确定了 52 种重点动态防控及国际关注传染病、21 种建议动态防控及国际关注传染病、24 种一般动态防控及国际关注传染病。[1]

1. 李尉民，国门生物安全 [M] . 北京：科学出版社 . 2020.

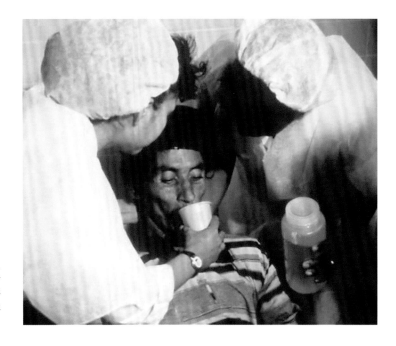

霍乱患者口服药水应对
霍乱引起的脱水。霍乱
是一种可以治疗但可能
致命的细菌性疾病

1. 黑死病

黑死病，因患者死后皮肤常呈黑紫色而得名，由鼠疫耶尔森菌引起，是人类历史上最具破坏性的流行病之一，被认为起源于中亚，14 世纪中期迅速席卷欧亚大陆及撒哈拉沙漠北部的非洲，导致欧亚大陆 7500 万 ~2 亿人死亡。

描绘 1348 年佛罗伦萨瘟疫场景的绘画

中世纪欧洲医生防护服

鼠疫在历史上共有三次大暴发，第一、二次分别是前述的查士丁尼大瘟疫和黑死病，第三次大暴发（1855—1859 年）开始于 19 世纪的中国，随后蔓延到世界各地，仅在印度就造成 1000 万人的死亡。[1]

1894 年，我国香港鼠疫期间，防疫人员焚烧患者物品

现代人对鼠疫的防控方法，包括使用杀虫剂、抗生素和鼠疫疫苗，但鼠疫杆菌会产生耐药性。1995 年，在马达加斯加发现了一种耐药的鼠疫杆菌。据世界卫生组织统计，2010—2015 年，世界范围内共报告了 3248 个鼠疫病例，其中 584 例死亡。

一名男子正在投放毒鼠药。控制城市的老鼠数量是预防鼠疫的一项重要的措施

20 世纪 60 年代卫生检疫人员对入境船舶实施卫生监督

1. 李尉民，国门生物安全 [M]．北京：科学出版社．2020.

2. 天花

天花，由天花病毒引起，是历史上最致命的传染病。仅在 20 世纪，全世界就有 3 亿 ~ 5 亿人死于天花。大航海时代，欧洲殖民者把天花带到美洲新大陆，也给美洲新大陆造成了巨大的灾难。

我国历史上天花大约出现在汉代，晋代医学家葛洪所著《肘后救卒方》中记载："比岁有病时行，乃发疮头面及身，须臾周

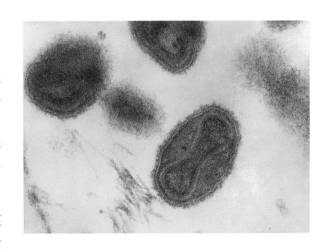

穿透式电子显微镜下的天花病毒

匝，状如火创，皆带白浆，随决随生。不即治，剧者多死。"11 世纪，我国开始用人痘预防接种天花，17 世纪人痘接种法逐渐普及并传至国外。

描绘 1807 年热那亚外科医生从绵羊身上提取物质用于接种天花疫苗场景的插画

1796 年，英国医生詹纳发现挤牛乳的妇女容易感染上牛痘，但之后就不再生天花。受此启发，他发明了比人痘法更安全、简便的牛痘接种法。1805 年，牛痘接种

法由葡萄牙医生引进我国澳门后在国内迅速推广。随着科学技术的进步，牛痘苗的制造、检定技术不断改进，免疫接种在世界范围内广泛开展起来。

描绘詹纳为儿子接种天花疫苗的版画

1968 年，加纳儿童丽贝卡·安萨·阿萨莫亚成为世界上第 2500 万名天花疫苗接种者

1950 年 10 月起，中国推行"全民普遍种痘运动"，1960 年后我国再没有发现天花患者，1980 年起取消港口天花检疫。1977 年后世界范围内未发生过天花病例，1980 年 5 月世界卫生组织正式宣布已在全球范围内根除天花。

1979 年 12 月，北京生物制品研究所所长的章以浩在全球消灭天花认证书上签字

3. SARS

SARS（重症急性呼吸综合征），是由 SARS 病毒引起的急性呼吸道传染病，主要通过近距离飞沫或接触患者呼吸道分泌物传播。2002 年 11 月，SARS 首先在广东暴发，在 6 个月内蔓延至 6 大洲的 30 多个国家和地区，被称为 21 世纪人类遭受的第一场瘟疫。

2003 年，中国工程院院士钟南山团队撰写的调查报告将该病定名为非典型肺炎，并提出需要隔离患者。同年 3 月 15 日，世界卫生组织正式将该病命名为 SARS。

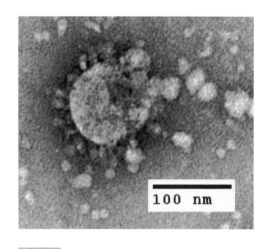

SARS 病毒颗粒的电子显微镜摄影图

SARS 病毒的宿主为有"百毒之王"之称的蝙蝠（左上图），果子狸只是中间宿主

据世界卫生组织统计，SARS 共波及 29 个国家和地区，导致 8096 人感染，774 人死亡。我国采取了公共场合定期消毒、隔离患者等防治措施，到 2003 年 7 月 13 日，全球患者人数、疑似病例人数均不再增长，SARS 流行过程基本结束。

美国疾控中心工作人员在处理 SARS 病毒标本

2003 年，为抗击"非典"，国内各口岸启用《入境健康申明卡》和红外线体温检测仪

4. 2019 新型冠状病毒病

2019 年 12 月，我国武汉出现不明原因肺炎患者。2020 年 1 月 7 日，有关专家初步判定病原体为新型冠状病毒。2020 年 2 月 11 日，世界卫生组织将该疾病正式命名为 2019 新型冠状病毒病。2022 年 12 月 26 日，国家卫生健康委员会将新型冠状病毒肺炎更名为新型冠状病毒感染。2023 年 1 月 8 日起，对新型冠状病毒感染实施"乙类乙管"。经过 3 年多艰苦卓绝的努力，我国取得新冠疫情防控重大决定性胜利，创造了人类文明史上人口大国成功走出疫情大流行的奇迹。但在全球范围内，新冠疫情仍在持续，对世界人民健康、全球经济发展和安全稳定造成重创。

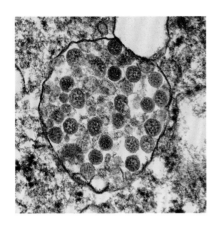

SARS-CoV-2（新型冠状病毒感染病
原体）的薄切片电子显微镜图像，球
形病毒颗粒含有黑点

新型冠状病毒的 3D 模型示意图

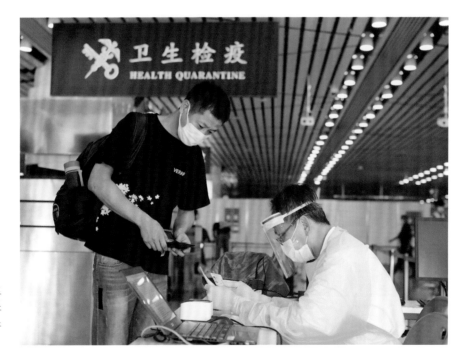

我国海关
对入境旅
客实施卫
生检疫

　　其他在多个国家和地区流行的传染病还有埃博拉出血热、寨卡病毒、中东呼吸
综合征等。2014 年世界卫生组织统计数据显示，过去几十年出现了 30 种之前未知
的传染病，由传染病致死的人数约占全球总死亡人数的三分之一。

2014 年，工作人员在塞拉利昂新挖建的公墓内埋葬一名已故的埃博拉患者

5. 病媒生物

19 世纪末，人们就已经发现某些种类的昆虫、节肢动物和淡水螺是一些重要疾病的传播媒介。在预防或治疗这些疾病时，并非总能找到有效的疫苗或药物。因此，控制疫病传播通常要依赖于媒介控制。

病媒生物分为脊椎动物和无脊椎动物，包括

为防止蚊子传播登革热，洪都拉斯一个教堂内挂起了五颜六色的蚊帐

鼠、蚊、蝇、蟑螂、臭虫、蚤、虱、蜱、螨等类。最常见的就是我们熟知的"四害"：苍蝇、蚊子、老鼠、蟑螂。病媒生物会携带传播鼠疫、流行性出血热、钩端螺旋体病、疟疾、登革热、地方性斑疹伤寒、丝虫病、痢疾、伤寒等多种疾病。

褐家鼠、黄胸鼠和小家鼠为三种主要的家栖鼠。鼠类能传播 30 多种疾病，其中危害严重的有鼠疫、流行性出血病、钩端螺旋体病和恙虫病等。

左图：褐家鼠
右图：黄胸鼠

我国海关在满洲里公路口岸开展
病媒生物监测

按蚊属（疟蚊）是疟疾的重要传播媒介，还传播丝虫病和脑炎。库蚊属是病毒性脑炎的媒介，在热带和亚热带还传播丝虫病。伊蚊属是黄热病、登革热和脑炎的媒介。

左图：海滨库蚊
右图：白纹伊蚊

苍蝇的体表多毛，足部抓垫能分泌黏液，喜欢在人或畜的粪、尿、痰、呕吐物，以及尸体等处爬行觅食，极易附着霍乱、伤寒杆菌、痢疾杆菌、蛔虫卵等的病原体；又常在人体、食物、饮用具上停留，造成污染，使人得病。霍乱、痢疾的流行和细菌性食物中毒都与苍蝇传播直接相关。

左图：大头金蝇
右图：棕尾别麻蝇

左图：铜绿蝇
右图：家蝇

　　蜚蠊（俗称蟑螂）携带病原体，传播肠道疾病，如腹泻、痢疾、伤寒和霍乱。

　　除此之外，常见的病媒生物还有蚤、螨等。

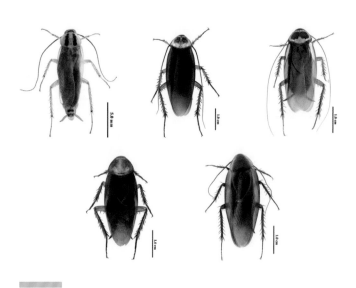

上图左：德国小蠊　上图中：澳洲大蠊　上图右：美洲大蠊
下图左：褐斑大蠊　下图右：黑胸大蠊

缓慢细蚤

（二）动物疫病

动物疫病一般是指动物传染病、寄生虫病（包括人畜共患疾病）。目前已知的 200 多种动物传染性疾病中，75% 以上可传染给人类。自 1950 年以来，人类新发传染病的主要来源已变成动物源性传播。

1964 年，两名波多黎各男孩涉水穿过一条小溪，河岸边有血吸虫警示标志。血吸虫病为人畜共患疾病

一名墨西哥妇女在进入美国时向海关官员出示狗的执照申请和狂犬病证明。狂犬病也是人畜共患疾病

1. 疯牛病

疯牛病（牛海绵状脑病），病原为朊病毒，可导致牛的致命性神经变性疾病。疯牛病可经感染的饲料传播，或经母牛传给小牛，通常感染 4~5 岁的成年牛。

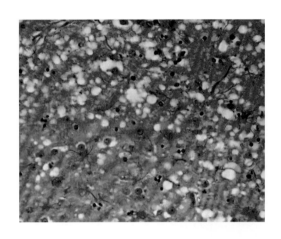

疯牛病病牛脑组织切片上的"海绵状"结构

最早的疯牛病临床病例于 1985 年发生在英国。截至 2014 年，全球已经有 26 个国家和地区发生疯牛病。据世界动物卫生组织统计，截至 2015 年全球共确诊疯牛病病牛 187469 头，潜在感染的牛则超过 100 万头，大多数进入了人类的食物链。

疯牛病可跨种属传播，人类食用病肉后会被传染，且无有效治疗方法，病死率为 100%。1995 年，英国出现人类感染疯牛病病例，有证据证明大多数患者都直接消费过疯牛病污染的牛肉。截至 2015 年年末，包括我国台湾在内的 12 个国家（地区）报告确诊人类感染疯牛病病例 229 例，感染者全部死亡。

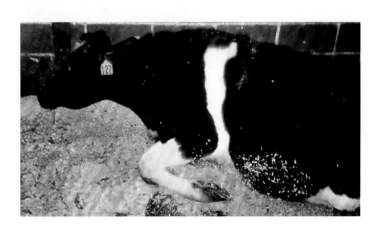

患疯牛病无法站立的母牛

青岛海关所属黄岛海关关员
对进境智利种牛实施隔离检疫

　　自 1990 年以来，我国采取严禁从疯牛病发生国家（地区）进口牛和羊、严格限制从高风险地区进口动物性饲料、全国范围内持续监测等措施防范境外疯牛病疫情传入。

2. 禽流感

　　禽流感是由禽流感病毒引起的一种急性高度接触性传染病，流感病毒分为甲（A）、乙（B）、丙（C）三类。甲型流感病毒是一种人畜共患疾病，病毒自然宿主都是鸟类，禽流感属于甲（A）型。

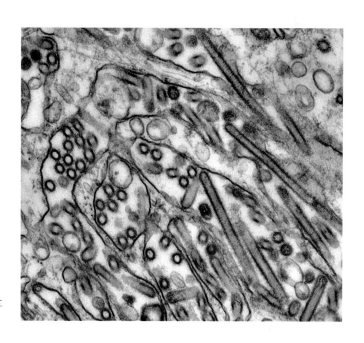

显微镜下的禽流感 H5N1 病毒
（金色）

历史上最早记录禽流感是在1878年，当时意大利发生鸡群大量死亡，称为鸡瘟。随后传入欧洲其他国家，1997年年底，禽流感H5N1首次传入我国香港，随后数月迅速蔓延，造成巨大经济损失。

目前，已在26科105种野鸟中分离到禽流感病毒，数据表明候鸟在迁徙时携带禽流感病毒在家禽、留鸟间互相传播，可导致短时间内大面积、跨区域暴发禽流感。

小规模分散饲养的养殖方式会使家禽与人畜及野生禽鸟接触密切，加速疫情传播

候鸟是禽流感的主要传播途径。每年11月，有2万~4万只红嘴海鸥从贝加尔湖出发，飞越3000多千米到云南滇池越冬

翩翩起舞的白鹭。白鹭是冬候鸟，每年 10 月结队南迁

观赏鸟的进出口也是禽流感病毒传播的一条重要途径。

从 2003 年到 2023 年 2 月 25 日，全球 21 个国家共报告了 873 例人类感染甲型（H5N1）流感病毒病例，其中死亡 458 例。[1] 截至 2017 年 12 月 7 日，根据世界卫生组织报告累计已有 1565 人感染 H7N9 禽流感，约有五分之一的确诊患者死亡。

拱北海关关员对供澳门禽类养殖基地进行巡查

1.https://www.who.int/zh/emergencies/disease-outbreak-news/item/2023-DON445

3. 非洲猪瘟

　　非洲猪瘟是由非洲猪瘟病毒引起的猪的一种高度接触性、出血性传染病，致死率可达 100%。非洲猪瘟病毒不传染人类，但可在猪肉组织和猪肉制品中持续存活达数周至数月，不仅能够在环境中（如猪尸体）存在，还可以在冷藏和冷冻肉及其产品中持续存在，70℃煮 30 分钟可将猪肉中的非洲猪瘟病毒灭活。

非洲野猪

　　1909 年，非洲猪瘟在肯尼亚首次被发现，之后传入南非、赞比亚等非洲国家。1957 年，非洲猪瘟从安哥拉通过航班进入葡萄牙，随后蔓延到欧洲、中南美洲。1978 年 3 月，马耳他一名旅客把飞机上的剩饭带回家喂猪，因为剩饭中有带病毒的猪肉制品，导致非洲猪瘟在马耳他境内集中暴发。1979 年 6 月，马耳他不得不屠宰掉全国所有的猪，约 8 万头，造成直接和间接经济损失高达 4500 万美元，开创了一个国家为消灭一种传染病而全面扑杀一种家畜的先例。

海关对供澳活猪实施检疫

非洲猪瘟不传染人类，也不会
传染猪以外的其他动物

　　2018年，非洲猪瘟传入我国辽宁，不到一年时间就传遍全国，一年内共报告疫情99起、捕杀生猪80多万头，导致全国生猪存栏量大幅下降、价格持续走高。目前，非洲猪瘟还没有有效疫苗或治疗方法，只能通过限制移动和扑杀来控制疫情。

　　世界卫生组织2016年的调查表明：2000年以来，116个国家和地区共报告358次动物疫病的暴发，主要由禽流感、口蹄疫、猪瘟等疾病引起。另据统计，1980年以来，从国外传入我国或国内新发现的动物疫病达30多种。2004年，据农业部估算，我国每年因疫病造成畜禽死亡的直接经济损失高达238亿元。

拱北海关关员对入
境马匹进行检疫

（三）植物疫病

1845—1850 年，爱尔兰因暴发大规模的马铃薯晚疫病陷入大饥荒。以马铃薯为单一主食的爱尔兰人约有 100 万因疫病饿死或病死，另约有 100 万因灾荒移居海外，爱尔兰人口因此锐减 20%~25%。

1847 年，发现自家马铃薯感染晚疫病的爱尔兰家庭

大饥荒期间等候登船前往纽约的爱尔兰移民

（四）食源性疾病

食源性疾病是指通过摄食而进入人体的有毒、有害物质（包括生物性病原体）等致病因子所造成的疾病。一般可分为感染性和中毒性，包括常见的食物中毒、肠道传染病、人畜共患传染病、寄生虫病及化学性有毒、有害物质所引起的疾病。食源性疾病的发病率居各类疾病总发病率的前列，是当前威胁人类健康的一个突出问题。

游戏"超级玛丽"中蘑菇的原型：毒蝇伞。每年5月至10月是野生毒蘑菇中毒高发期

1. 德国大肠杆菌 O104：H4 暴发波及多个国家

大肠杆菌 O104：H4 主要致病的毒素为志贺氏毒素，可损伤肠道黏膜，甚至进入血液中破坏红细胞，导致溶血性病变，这些症状在肾脏中最为明显，常导致急性肾衰竭，即溶血性尿毒症综合征。

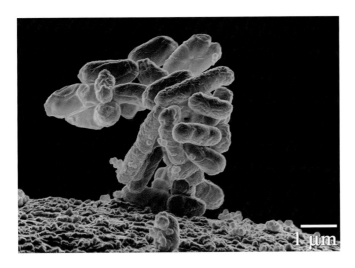

1 μm

放大1万倍的大肠杆菌

2011年5月1日，德国亚琛一名男子被确认感染大肠杆菌O104：H4，随后疫情快速传播，波及欧洲、北美洲16个国家，发病总人数近4000人，死亡53人。

德国科学家认为，生吃豆芽等芽苗菜是造成此次大肠杆菌O104：H4疫情的源头，疫情导致不少国家暂停进口欧盟蔬菜

4 生物武器和生物恐怖

（一）生物武器

以细菌、病毒、立克次氏体、生物组织、毒素等为原料，使人类、动物或植物致病或死亡的物质、材料、器具称为生物武器。生物武器的最大特点是杀伤力、传染性极强，更可怕的是它还能通过自身繁殖，使破坏力呈几何级数增长。其另一个特点是生产成本低，有"穷人的原子弹"之称。

1. 赫梯人首次使用生物武器

赫梯（公元前 19—前 8 世纪小亚细亚奴隶制国家）曾遭到邻国阿尔扎瓦王国进攻，赫梯人将感染了兔热病的绵羊放入敌方阵营，导致瘟疫在阿尔扎瓦蔓延。公元前 1325 年赫梯人攻打腓尼基人的城市士麦拿时，再次使用了这种生物武器，史称赫梯瘟疫，这也是人类历史上第一个被记录下来的生物战争。

1813 年，备受斑疹伤寒折磨的法国军队。斑疹伤寒可用作生物战剂，在第一次世界大战中造成上百万人的死亡

破碎石刻中的赫梯人物形象

公元前 10—前 9 世纪的赫梯石刻

位于土耳其的赫梯遗址

2."蒸还于吴"

东汉赵晔的《吴越春秋》记载：有一年越国歉收，向吴国借稻种，吴国很慷慨地借给了越国，而次年越国大丰收，越王勾践让人把种子蒸了偿还给吴国，结果吴国没

唐代牛俑，春秋战国时期我国已经开始使用铁犁牛耕

种出粮食，生生饿死了不少百姓。有人认为，这就是最早进行生物战的文字记录。但西汉司马迁的《史记》只对故事中的借粮有记载，并没写"蒸还于吴"。

3. 殖民者用天花"屠杀"印第安人

史学家眼中的"人类史上最大的种族屠杀"不是靠枪炮实现的。1520 年，西班牙殖民者曾被阿兹特克人击败，一个患天花的西班牙

元代《耕稼图卷》（局部），描绘了水稻丰收的景象

人被打死，此后，天花在阿兹特克人中流行。1521 年，天花使阿兹特克首都人口从 30 万锐减到 15 万，最终被围城的西班牙殖民者攻陷。

让·莱昂·杰罗姆的画作《第一个感恩节》。印第安人与西方殖民者的亲密接触导致天花大流行

4. 侵华日军使用生物武器

1937 年，日本侵略者在我国哈尔滨建立 731 生物武器实验室，后又建立多个类似机构，仅在 1939 —1942 年就生产炭疽芽孢杆菌等生物战剂 10 余吨，[1] 在我国 20 多个省市实施细菌战 161 次，疫情患者约 237 万，有据可查的死亡人数达 27 万。[2]

731 部队营区

1937 年，在上海戴着防毒面具进攻的日军

731 部队用人体进行细菌实验

---

1. 孟庆龙. 炭疽在第二次世界大战中的使用及其历史影响 [A]. 纪念中国人民抗日战争暨世界反法西斯战争胜利 60 周年学术研讨会文集（下卷）[C]. 北京：中共党史出版社，2005
2. 据央视新闻报道，相关档案证明。

5. 1941 年第二次世界大战期间的生物战——兔热病

兔热病又称为土拉菌病，是由土拉弗朗西斯菌引起的自然疫源性疾病，主要感染啮齿动物并可传染给其他动物和人类。感染者会出现高热、浑身疼痛、腺体肿大和咽食困难等症状。尽管兔热病病死率仅为 5%，但极易感染。1941 年，苏联出现了 1 万例病例。次年，德军围攻斯大林格勒，发病人数陡增至 10 万人，大多数病例发生在德军。

战争中穿戴防毒面具的士兵和骡子

在壕沟中严阵以待的士兵

6. 美军在朝鲜战争和越南战争中使用生物武器

在朝鲜战争中，以美国为首的"联合国军"通过空投等方式，在朝鲜北部投放了大量含有霍乱、鼠疫等致命病菌的跳蚤、苍蝇、蟋蟀等昆虫。越南战争期间，美军喷洒生化武器"橙剂"7600 万升，400 万越南人健康受到危害。

1971 年，联合国大会通过了《禁止生物武器公约》，但对各国研究和生产生物武器并未建立有效的核查约束机制。美国国防部给国会的报告指出，目前至少有 25 个国家具有生产大规模杀伤性武器的能力。事实上，根据目前的科技发展水平，许多国家都能生产生物战剂。美国在乌克兰开展的生物武器研究，再度触动了人们对生物战卷土重来极度担忧的敏感神经。

美国军队用直升机在越南喷洒
孟山都公司生产的"橙剂"

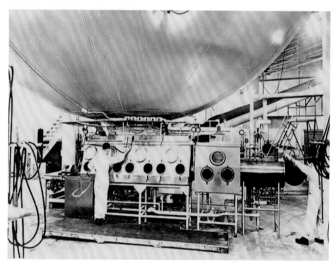

20世纪40年代，美国在德特
里克堡建设100万升容量的测
试球，用于在密闭环境测试
生物武器

（二）生物恐怖

生物恐怖是指恐怖分子使用活的病原体（或其毒素）或病媒昆虫伤害人畜、毁坏农作物，以达到引发民众恐慌、社会动荡或威胁政府等政治或宗教目的的行动。所使用的病毒、细菌、生物毒素等即生物战剂。生物恐怖与生物战使用的都是生物武器，二者的区别在于：在战场上使用称为生物战，而在恐怖活动中使用则称为生物恐怖。

美国生物恐怖袭击处置演习。生物恐怖主义是人类和平安康的新威胁

1. 美国沙门菌食物中毒事件

1984 年 9 月，美国俄勒冈州达尔斯市的几家餐馆发生沙门菌食物中毒事件，造成至少 751 人感染，45 人住院治疗。该事件被认为是美国第一起生物恐怖袭击事件。经调查，发现是罗杰尼希教极端分子为赢得地方政府选举，减少竞争对手支持者人数，故意用沙门菌污染这几家餐馆的沙拉所致。

抗药性非伤寒沙门氏菌

青蛙等两栖动物和爬行动物被认为是人类感染沙门氏菌的来源。美国曾发生多起儿童学习动画片中"公主亲吻青蛙"的桥段而感染沙门氏菌的事件

2. 日本奥姆真理教用炭疽实行攻击演练和东京地铁沙林毒气事件

1993 年 6 月 29 日，日本东京某地区的居民向环境主管部门报告闻到异常气味，次日该地区有 41 人出现食欲降低、恶心、呕吐等症状。经调查，气味来源于恐怖组织奥姆真理教所在地的建筑物，但政府官员要求检查该建筑物未果。直到 1995 年 3 月发生东京地铁沙林毒气恐怖袭击事件后，奥姆真理教成员在接受审讯时才供认 1993 年的异常气味来自炭疽培养液。

东京地铁沙林毒气事件中救援人员穿着防护设备进入地铁站

奥姆真理教化工厂

日本居民对奥姆真理教的驱逐运动

3. 美国炭疽邮件事件

2001 年 10 月，美国佛罗里达州一名摄影记者收到含有炭疽杆菌的信件后患上肺炭疽，次日死亡。随后他的同事、纽约广播公司员工等 22 人接触炭疽邮件后感染肺炭疽，其中 5 人死亡。美国联邦调查局经过 7 年调查后发现发送炭疽邮件的嫌疑人为马里兰州美国陆军传染病医学研究所的一名博士，他为引起政府对炭疽疫苗的重视而策划了这次事件。

美国政府悬赏 250 万美元给提供炭疽邮件线索者

描绘发明狂犬病、炭疽病疫苗的法国科学家路易斯·巴斯德给绵羊接种炭疽病疫苗的绘画。炭疽病偶发于绵羊、山羊、骆驼和羚羊等反刍动物，可传染给人类

CHAPTER

3

第三章

世界范围内国门生物安全
管理的起源与发展

虽然"国门生物安全"是一个比较新的词汇，但回顾历史，对于鼠疫等传染病跨境传播、蝗虫等有害生物入侵、桑蚕等物种资源流失等国门生物安全风险，人类其实早有认知并有所应对。例如，对于麻风病、天花、鼠疫等恶性传染病，古代很多国家都采取了隔离防疫的措施。

美国画家 Friedrich Graetz 1883 年的画作，描绘了纽约卫生委员会成员阻止移民入境以防止霍乱等传染病输入的场景

1 源远流长的隔离防疫

人类很早就把隔离用作防疫措施。约公元前 1250 年，古埃及法老拉美西斯二世下令将数万麻风患者从家中逐出，安置在撒哈拉沙漠边缘。公元 549 年，东罗马帝国皇帝颁布法规，要求隔离来自瘟疫发生地区的人。公元 583 年，法国里昂议会限制麻风患者与健康人员接触。公元 9 世纪起，法国、荷兰、西班牙等国都颁布了麻风患者终身隔离的法令。持续的强制隔离措施达到一定效果，到 14 世纪，欧洲本土的麻风病已基本绝迹。

两个麻风病患者隔着墙接受食物

2 起源于中世纪欧洲的港口隔离防疫

14 世纪，黑死病暴发，很快传播到欧洲的各个国家，夺走无数人的生命，受灾最重的意大利和英国人口几乎减半，每天都有大量死亡人口，许多城市就此毁灭。[1] 生活在恐惧和绝望中的人们想尽各种办法，千方百计阻止瘟疫的传播。人们逐渐发现，许多时候，隔离是最有效的防疫手段。

1. 科普中国网。

鞭笞者游行。黑死病暴发后，很多基督教教徒认为通过自我鞭笞的苦行就能消除自身罪恶，消灾避难

17世纪伦敦瘟疫期间，人们日以继夜地在城区内燃烧大火，企图让空气变得洁净

　　威尼斯处在东西方商贸往来要道上，受到黑死病的威胁最大。为了防止往来船只传播瘟疫，1348年，威尼斯组成港口隔离防疫委员会，赋予其权力把守整个地区的健康关卡，将发现的可疑船只、货品和人员扣留在环礁湖的小岛上进行隔离。

　　繁忙的地中海港口拉古萨（现克罗地亚杜布罗夫尼克）当时也在威尼斯人的控制之下。黑死病暴发后，拉古萨首席医师雅各伯建议在城墙外设立一个地方，专门收容前来治病的当地居民和外来者。1377年，拉古萨议会通过了一项建立30天隔离期的法令，被称为Trentino（30天）。一些医学历史学家认为拉古萨的隔离法令是中世纪医学的最高成就之一。在接下来的80年里，马赛、威尼斯、比萨和热那亚等城市也陆续出台了类似的法令。

14世纪意大利那不勒斯的港口隔离站

中世纪港口城市热那亚的检疫站（传染病院）

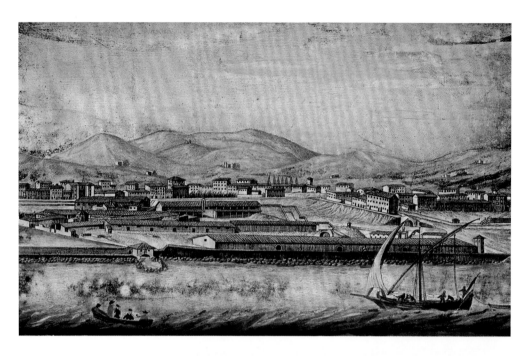

意大利托斯卡纳利沃诺的港
口隔离站

克罗地亚杜布罗夫尼克（古称
拉克萨）景观

用于收治天花患者的隔离船

18 世纪画家 Canaletto 笔下的威尼斯

　　1403 年，威尼斯政府为了防止黑死病等恶性传染病从海上传入，又将外来船舶船上人员到达港口前的隔离观察期由"Trentino"（30 天）延长到"Quarantine"（40 天）。"检疫"的英文单词"Quarantine"即来源于此。其他海港城市也相继采取了这项措施。

　　16 世纪，港口隔离防疫在欧洲已经十分普遍。同时还出现了健康通行证，用以证明有关船舶经过的前一港口没有疾病流行。具有健康通行证的船舶可以驶进港口，无须接受隔离。

1611 年，意大利的健康通行证

　　港口隔离防疫取得了显著的成果。整个 18 世纪，西欧和不列颠群岛，以及将港口隔离防疫措施全盘照搬到其陆地边境的哈布斯堡王朝，都没有暴发大的瘟疫。没有实施这一措施的中东欧其他地区则多次遭受瘟疫带来的巨大破坏。

1725 年，马耳他马诺埃尔岛的检疫站

神圣罗马帝国皇帝利奥波德一世在奥地利维也纳修建的黑死病纪念柱

由于黄热病的持续流行，到 18 世纪，所有北美殖民地都颁布了港口隔离防疫法，多数港口城市还设立了专门隔离疫病患者的传染病医院。

1909 年，波多黎各库莱布拉岛上的检疫站

1878 年，美国要求防止加勒比海船只将黄热病传入纽约的政治漫画，图中旗子上的"YELLOW JACK"是黄热病之意

19 世纪末至 20 世纪初，港口隔离防疫制度已经广泛应用到欧洲各地的陆路边境，其后又陆续被世界各地采用。直到今天，港口隔离防疫仍然是国际上的通行惯例，为人类健康和文明发展作出了巨大的贡献。

1882 年，英国在埃及塞得港设立的检疫站

3　国际上早期动植物检疫法律法规的形成

隔离防疫法令和措施的实施，有效地防止了人类传染病的传播扩散，这些宝贵经验也被应用到动植物检疫领域。一些国家为防止动植物疫情的跨境传播，开始颁布实施针对性的法律法规。

1660 年，法国部分地区暴发小麦秆锈病。为了防止这种病害传入，卢昂地区政府通过了一项法令，

健康的小麦

目的是根除小麦秆锈病前期寄主小蘗并防止其传入，这是世界上最早颁布的一项植物检疫法令。

患秆锈病的小麦

1866 年，英国政府签署了一项法令，批准扑杀带有牛瘟病的进口病牛，这是近代国际上最早的动物检疫法令。英国政府随后又制定了《动物传染病法》。1879 年，意大利在进口美国肉制品中发现旋毛虫、绦虫，遂颁布法令禁止美国肉类进口，奥匈帝国、德国和法国也相继仿效。1886 年，为防止西伯利亚地区的牛瘟传入，日本制定了《兽类传染病预防法规》。

描绘 18 世纪荷兰牛瘟的插画

　　19 世纪中期，一种叫葡萄根瘤蚜的蚜虫从美国传到英国，随后在欧洲大陆迅速传播，在短短的 25 年内摧毁了法国、德国、意大利等欧洲国家大量葡萄园，给欧洲酿酒业带来了毁灭性的打击。1872 年，法国政府率先颁布法令，禁止从国外进口葡萄枝条，以防止葡萄根瘤蚜传入。

许多种植园被迫焚烧老葡萄树以减缓葡萄根瘤蚜的蔓延

因法国政府未能阻止葡萄根瘤蚜疫情的蔓延，引发了波尔多农民抗议

　　1873 年、1875 年，俄国政府相继颁发禁止从国外进口葡萄枝条，以及禁止带有马铃薯甲虫的美国马铃薯进口的法令，同时禁止将马铃薯枝叶作为包装材料进口。随后，法国、英国也相继颁布类似法令。

收获土豆的农民

马铃薯甲虫

国门生物安全管理的国际协议与组织起源

19世纪中期至20世纪，随着进出口贸易的发展，国家和地区间人员流动的增加，各类传染病、动植物疫情也在世界范围传播蔓延。人们逐渐认识到，仅凭一国之力，很难有效防止各种传染病和有害生物的传播，开展国际合作势在必行，强化国门生物安全管理的国际协议与组织也应运而生。

▌19世纪末，在英国利物浦港等待移民美国的犹太人

　　1851年，欧洲12个国家在巴黎召开第一届国际卫生大会，讨论预防传染性

1901年，罗伯特·科赫在英国结核病大会上发表演讲

疾病传播和设立国际检疫法规等问题。1884年，德国人罗伯特·科赫发现"霍乱弧菌"，提出霍乱"接触传染论"，促成欧洲各国在1892年第七届国际卫生大会上达成《国际卫生公约》。

　　1924年1月25日，出于对比利时牛瘟兽疫的担忧，28个国家在巴黎签署了一项协议，成立了世界动物卫生组织（OIE，2022年改名为WOAH）。其主要职责是向成员收集、发布动物疾病的信息，制定国际动物贸易卫生准则和标准，协调和推动关于动物病理学，以及动物疾病诊断、治疗和预防等领域的协作研究。

霍乱弧菌

羊是最早被人类驯化的肉用家畜。小反刍兽疫（羊瘟）是养羊人的噩梦，被世界动物卫生组织列为应通报疫病

描绘第一次世界大战中运送伤员场景的油画

第一次世界大战期间，
描绘戴头盔的骷髅站在
战壕里吸入毒气的插画

　　1928年2月8日，《日内瓦议定书》（《禁止在战争中使用窒息性、毒性或其他气体和细菌作战方法的议定书》）生效，成为人类社会禁止使用化学和生物武器的首个重要国际性公约，且无限期有效。

　　1945年10月16日，联合国粮食及农业组织（FAO）成立，下设动物卫生危机管理中心；1994年，建立跨界动植物病虫害紧急预防系统，其中一项职能是与受动物

喷洒除草剂。除草剂的使用是农业领域颇有争议的话题

疾病和植物病虫害等影响的国家和国际农业研究中心、其他国际机构密切合作，建立伙伴关系。

1948 年 4 月 7 日，世界卫生组织（WHO）成立，其职能包括促进流行病和地方病的防治、推动制定生物制品的国际标准等。截至 2022 年 10 月，世界卫生组织已有 194 个成员。2000 年 4 月，世界卫生组织设立了"全球疫情警报和反应网络"(GOARN)，此外还制定了突发卫生事件规划，以加强世界卫生组织在疫情和人道主义紧急情况中的运行能力。

1980 年，世界卫生组织"消灭天花"行动三位负责人手持报道全球成功根除天花的杂志

1948 年 10 月 5 日，第一届世界自然保护大会在法国举行，会议成立了世界自然保护联盟（IUPN，1956 年改名为 IUCN）。1949 年，世界自然保护联盟首次发布濒危物种名单，工作重心为保护生物多样性及保障生物资源利用的可持续性。1994 年，国际自然与自然资源保护联盟成立入侵物种专家组（ISSG）。

"雪山之王"雪豹。2017 年 IUCN 将雪豹从濒危类别调整为易危类别

1952 年，《国际植物保护公约》（IPPC）生效，其前身是 1878 年 9 月 17 日法国、德国、意大利、奥匈帝国、西班牙和瑞士签订的《防止葡萄根瘤蚜措施国际公约》（全球首个国际植物检疫公约），目标为防止植物有害生物的传入和扩散，保护全球栽培植物和自然植物资源。

"十三五"期间，我国海关在口岸累计截获植物有害生物 8858 种、360 万次，其中检疫性有害生物 520 种、40.13 万次

如梦如幻的新西兰特卡波湖鲁冰花海。鲁冰花原产于北美，号称"最美入侵植物"，其快速蔓生对新西兰脆弱的海岛生态造成了严重危害

1971 年 12 月 16 日，《禁止生物武器公约》在第 26 届联合国大会上通过，其目标是清除世界上的生物武器和毒素武器。

美国陆军传染病研究所内保存有埃博拉、天花、鼠疫、炭疽杆菌等病毒。图为工作人员在研究所内做实验

1975 年,《濒危野生动植物种国际贸易公约》（CITES）生效，宗旨是通过加强贸易控制来切实保护濒危野生动植物种，确保野生动植物种的可持续利用。

1993 年 12 月 29 日,《生物多样性公约》（CBD）生效，目标是保护生物多样性、可持续利用其组成部分，以及公平合理分享由利用遗传资源而产生的惠益。

肯尼亚野生动物保护区内的黑犀牛母子。犀牛角贸易已禁止多年，但非法偷猎仍在继续

北欧冰原上的驯鹿。欧亚大陆上的驯鹿曾是人类主要的食物之一，今天野生驯鹿已十分罕见

1995 年 1 月 1 日，世界贸易组织（WTO）成立。世界贸易组织的《实施卫生与植物卫生措施协定》（SPS 协定）支持各成员方实施保护人类、动物、植物的生命或健康的必要措施，规范动植物卫生和食品安全管理的国际运行规则，将其对贸易的消极作用降到最低。

美国海关联合疾控中心专家对自尼日利亚进口的"丛林肉"（野味）实施检疫

此外，国际食品法典委员会（CAC）、《粮食和农业植物遗传资源国际条约》（ITPGRFA）等生物安全国际组织与协议也发挥了积极作用。

青稞是大麦的一种，是藏族人民主要的粮食作物，在青藏高原上有约3500年的种植历史，研究成果表明青稞亦源自西亚的新月沃地

印度尼西亚水稻田。"杂交水稻之父"
袁隆平及其团队根据土壤环境、气候
条件等研发出了适合东南亚国家种植
的不同品种杂交水稻

斯瓦尔巴全球种子库，是挪威政府于北
冰洋斯瓦巴群岛上建造的非营利储藏库，
用于保存全世界的农作物种子

随着国际和各国国内相关法规的完善，人们对国门生物安全逐渐形成比较统一的认知。各国纷纷制定法规，实施国门生物安全管理，防止本国物种资源流失和人类传染病、动植物疫病、外来入侵物种、植物有害生物等危险性生物因子跨境传播。

内地海关对出口港澳活禽进行检疫

水运口岸疫情防控跨部门应急处置演练

如今，维护国门生物安全已经成为各国政府的重要职责。在实践中，海关卫生检疫、动植物检疫和进出口食品安全检验检疫，口岸监管和口岸缉私，边防检查与海事查验工作，是维护国门生物安全的核心措施。

CHAPTER

第四章

中国国门生物安全管理萌芽与发展历史

古人对世界的认知，往往从与自身休戚相关的事物开始。生存，是生命最原始的本能之一。与生存相关的一切，如人的生老病死、食物的获得等，自然而然成为人们最为关心的事情。在中国，人们很早就认识到了鼠疫等传染病的危害，以及虫灾所带来的农作物歉收、食物匮乏等问题，并因地制宜采取了应对措施进行防范。

宋代许迪《野蔬草虫图》（现藏于台北故宫博物院）。我国古代二十四节气中的惊蛰意为春回大地、冬眠的虫子被春雷惊醒，提醒人们有针对性地做好防虫措施和农业生产

1 中国历史上对人类传染病的隔离防疫

据甲骨文和金文考证，我国在公元前 1350 年左右的商朝就建有传染病的隔离安置机构。《论语·雍也》中有春秋时期隔离疠疾的记载。到了秦朝，人们已经明确地认识到患者是传染源，所以官方采取强制措施规定"疠者有罪，定杀"。此外还设有疠迁所用来收容、隔离、治疗麻风病患者，有专门的医务人员，这就是现代意义上医院的雏形。

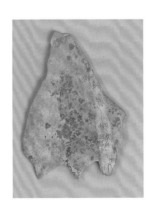
甲骨碎片，考古发现殷墟甲骨文中已有关于疫疾的记载

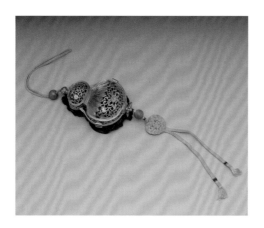

古代各式香囊（现藏于台北故宫博物院）。古人会随身佩戴放有藿香、艾叶等挥发性物质的香囊用以香身、驱虫、防疫

《汉书·平帝纪》中记载："民疾疫者，舍空邸第，为置医药。"意思就是将染病的人隔离开来，集中治疗，这是正史首次记载的临时传染病医院。《后汉书·皇甫规传》记载，公元 162 年，时任中郎将的皇甫规设立庵庐用来隔离患者，是史载最早的军队传染病医院。

汉代香炉，古人认为芳香之品可预防疾病

《晋书·王彪之传》记载："永和末，多疫疾。旧制，朝臣家有时疾，染易三人以上者，身虽无病，百日不得入宫。"表明西晋时期已建立比较严格的隔离防疫制度。

南北朝时期，隔离患者已成制度。萧齐时期，太子长懋等设立专门隔离患者的机构"六疾馆"。北齐天保七年（556年），印度来华僧人那连提黎耶舍，在河南汲郡西山寺院中设立疠人坊，让流浪的麻风患者栖身。

六朝至隋唐时期的寺院病坊、两宋以后的安乐坊等都是隔离病院。唐代孙思邈的《千金要方》也强调瘟疫患者要隔离："凡衣服、巾、栉、枕、镜不宜与人同之"。

宋苏汉臣《五瑞图轴》（现藏于台北故宫博物院），描绘五个孩童戴着面具模仿大人跳"大傩舞"。傩是一种驱鬼避邪的仪式，古人把疫情产生的原因归结为"鬼神"作祟

明代画中的瘟神形象（局部）

元代赵孟頫所绘苏轼像（现藏于台北故宫博物院）。苏轼于1089年在杭州为官时曾捐资创立安乐坊，有学者认为这是我国第一家官办民助医院

古人在端午节会悬挂香囊、撒灰除虫来禳毒驱疫

为防瘴疠，郑和船队携带鹤年堂的"避瘟金汤"

据《星槎胜览》《西洋番国志》和《瀛涯胜览》记载，郑和七下西洋期间，船队经过异国岛屿、港口时，要对当地疫病进行调查，并采取有效的隔离防疫措施，遇瘴气较重之地，船员不得随便登陆，也不准当地人随便登船，或作短暂停留后即起锚开航。

明朝中后期，闽粤等地区民间建设了麻风病院，并限制患者活动。吴有性于崇祯十五年（1642 年）撰成的《温疫论》指出，瘟疫传染途径"有天受，有传染"，提倡采取控制传染病的隔离防疫和空气消毒等措施。

清代有避痘与查痘制度，用隔离的方式保护尚未出痘者，还设有"查痘章京"一职，负责稽查和驱逐患者，明令禁止未出痘和正在出痘的外藩进京，不接受其所进贡的物品。清代查痘的对象还包括出国贸易

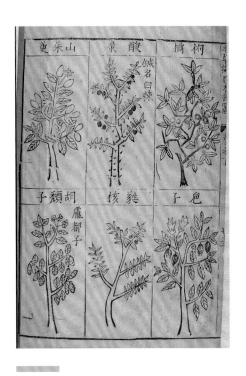

明代李时珍所著《本草纲目》中专列有"瘟疫"的一章，分辟禳（预防）、瘴疬（治疗）两类

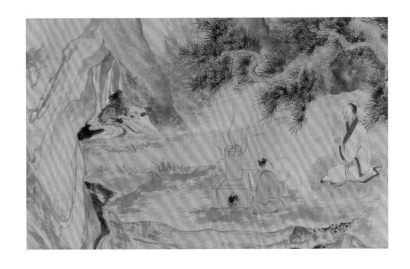

《唐寅烧药图》（现藏于台北故宫博物院）。明初医疗沿袭宋制，设惠民药局，遇疫病流行时参与救治患者

的人，俞正燮在《癸巳存稿》中记载"西洋地气寒，其出洋贸易回国者，官阅其人有痘发，则俟平复而后使之入"，即对从事出洋贸易回国的人有出痘情况的要进行隔离。

1895 年的牛痘疫苗接种手册　　　清代痘衣法种痘场景

晚清时期，西方预防医学传入，在西洋医生与传教士推动下，隔离防疫得到加强并日渐普及，旧的传染病收治机构逐步被教会医院取代，其形式与同时期的欧美医院相近。

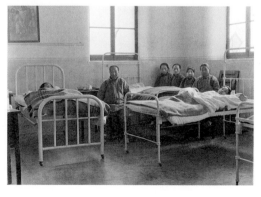

20 世纪初重庆的西式医院　　　20 世纪初北京的西式医院

广东香山县人黄宽，是我国第一位留英学习西医并获博士学位的学者，曾成功进行中国首例胚胎截开术，被誉为"好望角以东技术最精湛最有才华的外科医生"[1]。他也是最早担任海关医官的中国人，参与了中国历史上最初的公共卫生管理，先后在《海关医报》中撰写报告七篇，并为港口患病船员进行诊治，涉入海港卫生检疫业务。

珠海中山大学第五附属医院前的黄宽塑像

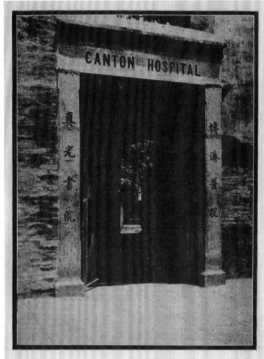

院 醫 濟 博
CANTON HOSPITAL
CANTON, CHINA

博济医院，中国最早的教会医院，黄宽曾在该院医学堂担任教师

1. 容闳，文明国.《晚清名人自述系列：容闳自述》[M]. 合肥：安徽文艺出版社.

2 中国古代对动植物疫情的防控

古代中国是世界上农耕文化最为发达的国家之一，我国先民在长期的农业实践和自然观察中，积累了对动物疫病、植物有害生物的认识和了解，并探索出避疫、隔离、火炎、择时等一系列行之有效的防范措施。

《诗经·小雅·大田》有"去其螟螣，及其蟊贼，无害我田稚，田祖有神，秉畀炎火"的记载，提出用火烧的方法防治危害禾苗的害虫。《左传·襄公·襄公十七年》有"国人逐瘈狗"，即驱逐病犬以防狂犬病的描述。《吕氏春秋·审时》提出通过适时种植使麻"不蝗"、菽"不虫"、麦"不蚼蛆"的方法。

敦煌石窟保存的《殷人罐火防疫图》，描绘了殷商时期以火燎的方法来杀虫防疫

公元前200多年，秦律规定，凡从其他诸侯国来的客人，都要用火燎烧其马车衡轭和牵挽用具。这一在睡虎地秦墓竹简中发现的法律条文，有可能是目前已发现的世界上最早的有关国门生物安全管理的法律文献。

北魏末年，贾思勰在《齐民要术》中提出隔离病畜以防传染病的方法。据《新唐书·兵志》记载，唐代已意识到一些马病的传染性，并提出可以采取隔离、药物熏烟等方法来预防。宋神宗时期，对从契丹入境的马匹加强检疫，严格拣选无病的马匹。

明代徐光启在《农政全书》和《除蝗疏》中提出涸泽消灭蝗虫滋生的温床，将旱田改为水田，种植薯蓣等蝗虫不喜欢蚕食的作物，或种植早稻、大麦等早熟作物避开蝗灾高发期等多种方法治理蝗灾，书中还记载了将患有传染病的鸡隔离开来的内容。清代张宗法《三农纪》记载："人疫传人，畜病传畜，染其形似者；豕疫可传牛，牛疫可传豕，当知避焉。"明末清初陈世元《治蝗传习录》介绍了生物治蝗

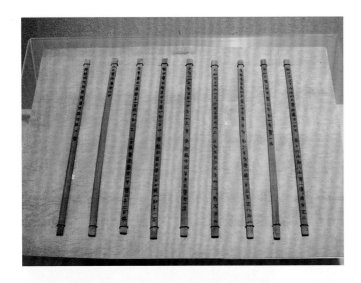

睡虎地秦墓竹简（部分）（现藏于南通中国审计博物馆）

东汉时期的鸟形物品。《山海经·中山经》记载疫疾与飞鸟有关，说复山有企踵之鸟，"见则其国大疫"

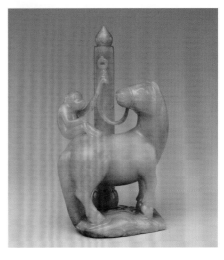

明代猴马玉像。古人认为马厩中养猴可以避免马瘟，贾思勰在《齐民要术》中记载："常系猕猴于马坊，令马不畏，辟恶，消百病也。"

的成功经验："蝗未解飞，鸭能食之，鸭群数百入稻畦中，蝗顷刻尽，亦江南捕蝗一法也。"清代傅述凤《养耕集》中记载的牛瘟病的隔离法是"将牛透放于郊原舍内，或寄离于亲戚家中"。

山西新绛县稷益庙壁画《捕蝗图》

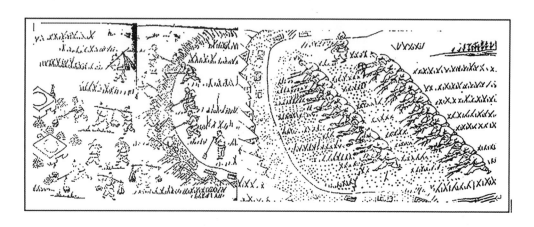

《捕蝻蕻图》（局部，源自清代陈崇砥的《治蝗书》）

3 中国近代检验检疫制度的建立

（一）欧洲港口隔离防疫思想在我国的传播

明末，荷兰人占据了我国台湾，荷属东印度公司为防止鼠疫传播，在安平、红毛等地，对来往船只和人员采取隔离防疫措施，这是最早的关于港口隔离防疫制度传入我国的记载。但这仅是荷兰殖民者在个别区域采取的临时防疫措施，不能视为我国卫生检疫制度的开端。

嘉庆二十五年（1820年），广东嘉应州人谢清高在《海录》中介绍了海外所见到的海港隔离防疫措施。19世纪中期到20世纪初，中国接纳和吸收欧洲的港口隔离防疫思想，在几千年隔离防疫传统的基础上，逐步建立起近代的检验检疫制度。在一些通商口岸，由地方政府主办的检验检疫机构先开始出现。

19世纪描绘我国台湾沿海城镇台南的画作，画中可见荷兰人建造的两座堡垒

《大员港市¹鸟瞰图》（现藏于荷兰米德尔堡哲乌斯博物馆）

---

1. 大员港市位于今天我国台湾省台南安平。

1869 年的上海外滩港口景观

1911 年抗击鼠疫时，在傅家甸内成立的滨江防疫疑似病院

（二）卫生检疫

19 世纪 60 年代，我国通商口岸开始设立海关医务所，聘任关医，负责外籍人员医疗及港口隔离防疫工作。1872 年，山海新关公布实施《牛庄口港口章程》，对营口（牛庄没沟营）港进口船舶实施检疫作出规定。1873 年，为防止东南亚霍乱传入，江海关、厦门关分别初拟了检疫章程，要求登轮查验，并制定了对染疫船只实施熏洗的规定。这一年也被定位为中国卫生检疫的创始年。

20 世纪 20 年代检疫人员乘船前往锚地对轮船实施检疫

防疫人员隔着窗户为一名鼠疫患者接种

　　1925 年，广州建立起第一个由中国人自己创办和管理的港口卫生检疫机构——广州海港检疫所，下设南石头和黄埔两个检疫站，共有四名卫生检疫官负责对进入广州的国外船舶施行卫生检疫。次年《广州市海港检疫条例》颁布实施。

　　1928 年，南京国民政府设立卫生部（后改为卫生署）。1930 年，制定《全国海港检疫条例》。1930 年 7 月 1 日，卫生署在上海成立全国海港检疫管理处和上海海港检疫所。

左图与右图均为广州海港检疫所及隔离病院

　　1930 年 6 月 28 日，南京国民政府卫生署颁布了《海港检疫章程》，这是中国第一部全国统一的卫生检疫法规。

上海海港检疫所

中国检疫、防疫和公共卫生事业先驱伍连德博士

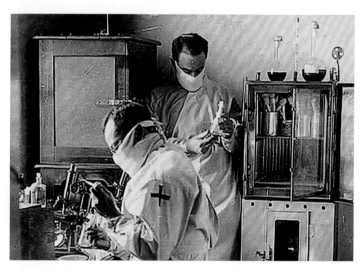

1921 年，伍连德与罗比特·波利策医生在瘟疫实验室

20 世纪 30 年代，上海海港检疫所的检疫职员合影照片，第一排左四为伍连德博士

1937 年，抗日战争全面爆发，各地检验检疫机构相继停办。在中华人民共和国成立前，我国的检疫工作基本处于停滞状态。1943 年，西迁的汉宜渝检疫所对重庆至印度加尔各答航线开展检疫工作，开创了中国的航空检疫历史。随后，上海龙华、江湾两机场，以及广州、汕头等地机场先后开展航空检疫。

上海海港检疫所除鼠疫证明书
（1933 年）（现藏于中国海关博物馆）

20世纪初的江海关吴淞检疫医院

20世纪20年代的上海龙华机场鸟瞰图

20世纪40年代的上海龙华机场

（三）动植物检疫

为称霸远东地区、攫取中国东北资源，1896年沙皇俄国开始在我国东北修建中东铁路。俄国当时给修路工人提供的食品中有来自其本国的肉类，并派有铁路兽医对这些肉类进行检疫。1903年，清政府在中东铁路管理局建立铁路兽医检疫处，检验来自俄国的各种肉类食品，同时对所辖农场及其铁路沿线农村进行家畜疫病防治，这是我国境内最早的进口动物检疫。

1911年，应俄国的要求，清政府在中俄边境设立黑河兽医检疫处，这是中国官方设立的第一个进出境动物检疫机构。

1921年，北洋政府内务部设立出口肉质检查所，随后陆续设立肠衣检验所。1923年5月，为应对英美等国对中国输出农产品的检疫要求，北洋政府发布《农

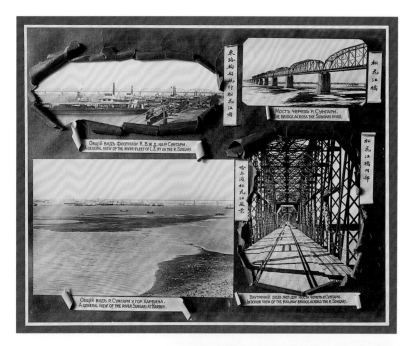

松花江桥上的中
东铁路

1905 年，日俄战争时期的
哥萨克骑兵与中东铁路

作物病虫害防除规则》，这也是近代我国首个涉及进出境植物检疫要求的法律条文。同年 7 月，北洋政府颁布《出口肉类检验条例》，这是中国政府首次主动制定涉及进出境动物检疫的法规。

　　1928 年 12 月，南京国民政府农矿部公布了《农矿部农产物检查条例》。该条例规定，为保护农产品信用及价格，防止植物病虫害传入，以及检验鉴定

1919年，浙江杭州的水上木材市场

肥料品质，将设立农产物检查所。次年，农矿部在上海、广州、天津等地相继成立了农产物检查所。

1929年起，南京国民政府工商部开始在上海、天津、广州、汉口、青岛等地建立商品检验局，陆续接管了北洋政府时期建立的有关出口肉类、牲肠、毛革和农产物检查所等。

1930年，国民政府农矿部和工商部合并为实业部，毛革肉类检查所与农产物检查所统一划归1929年成立的商品检验局负责，隶属实业部领导。1939年4月，上海商品检验局开始实施植物病虫害检疫。

20世纪20年代中国市场上的生猪买卖

20世纪20年代中国市场上的水果买卖

20世纪30年代，上海口岸检验检疫人员查验生山羊皮

20世纪30年代，上海口岸检验检疫人员查验肠衣

（四）商品检验检疫

1928年，南京国民政府工商部发布《工商行政纲要》，提出"于全国重要通商口岸设立商品检验局"，次年又颁布了《商品出口检验局暂行章程》，规定

20 世纪初期，上海码头密集的船只

"为保护国内工商利益，提高国际贸易信用，特设商品出口检验局，于商品出口时实施检验"，并规定全国各省市在通商口岸不得设立与中央法令抵触的检验机关，如已设立，亦应一律取消。

20 世纪 20 年代的北京制衣工厂

    1929 年 3 月 4 日，上海商品检验局成立，这是中国第一个由国家设立的官方商品检验局，开展出口棉花、肉类、茶叶、丝纺织品及进口化肥、糖等商品的检验工作和动植物检疫工作，此后汉口、青岛、天津、广州四地相继成立商品检验局，并在其他指定管辖地区设立分支机构和办事处。

    1932 年，国民政府行政院通过《商品检验法》，明确规定商品检验范围包括进出口商品，还规定"应施检验之商品，非经检验领有证书不得输入输出"，开创了中国对进出口商品实施法定检验的先河。

    国民政府时期商检工作虽然有一定发展，但当时商品（检验）局的证书大多仅在国内起通关作用，国外并不承认。出口商品必须另行向洋商检验机构和公证行申请检验鉴定获得证书，才能办理对外交涉和向银行结汇。

民国时期汉口商品检验局用碗（上图为一个碗的不同侧面摄影图）

茶叶取样检验
场景

　　1947 年年底，在苏联专家的帮助下，满洲里和绥芬河两处陆路口岸先后设立中苏联合化验室。

武汉市商品检验局印章

国民政府工商部汉口商品（检验）局稿纸

检验人员在中苏联合化验室对出口苏联的粮食进行检验

中华人民共和国成立后检验检疫事业的发展

中华人民共和国成立后，我国检验检疫法规不断健全完善，管理机构逐步健全，职能不断优化，新科学技术应用和人才培养不断加强，全面履行防止传染病、动植物疫病和有害生物入侵，保障食品安全和商品检验等职责，有力保障了人民群众健康和国门生物安全。

（一）机构沿革

表 4-1　1949 年后我国海关及进出境检验检疫机构发展沿革简表

设立时间	海关	卫生检疫	动植物检疫	商品检验
1949—1959 年	1949 年 8 月，中央财政经济委员会设立海关总署筹备处。 1949 年 10 月 25 日，中央人民政府海关总署成立。 1950 年 12 月，海关总署对原有的 173 处海关机构进行重新调整，设立海关机构 70 处。 1953 年 1 月，中央人民政府海关总署划归对外贸易部管理，改称对外贸易部海关总署，各地海关与地方对外管理局合并。	1949 年 11 月，海港检疫工作明确划归卫生部领导。卫生部在公共卫生局设交通检疫科，管理全国海港检疫事务。 1950 年，卫生部接管原有的 18 个海陆空检疫所，并更名为交通检疫所。 自 1953 年 7 月 1 日起，各地交通检疫所更名为检疫所。 1958 年 4 月 8 日，卫生部通知全国各地将检疫所更名为卫生检疫所。	1949 年 11 月 2 日，中央人民政府设立贸易部，下设商品检验处，负责指导全国商品检验工作。 1950 年，全国各商检局（处）内，增设动植物检疫业务。 1952 年，中央人民政府贸易部撤销，成立中央人民政府对外贸易部，商品检验工作划归新成立的中央人民政府对外贸易部管理，并明确负责对外动植物检疫工作。 1954 年 12 月，改称对外贸易部商品检验总局，统一领导全国商检工作。	
1960—1979 年	1960 年 11 月，各地海关建制下放地方，对外贸易部海关总署改称为对外贸易部海关管理局。 1970 年年初，对外贸易部商品检验局与海关管理局合并组成对外贸易部海关商品检验局。	—	1960 年 11 月，对外贸易部商品检验总局改称对外贸易部商品检验局，将各地商品检验局下放地方。 1964 年 2 月，进出境动植物检疫工作从对外贸易部下设的商品检验局剥离，归由农业部管理（动物产品检疫仍由商品检验局办理）。 1965 年 2 月，各国境口岸开始陆续设立动植物检疫所。	1970 年年初，对外贸易部商检局与海关管理局合并组成对外贸易部海关商品检验局。 1974 年，更名为国家商品检验管理局。

续表

设立时间	海关	卫生检疫	动植物检疫	商品检验
1980—1999 年	1980 年 2 月，国务院成立海关总署，为国务院直属机构。1998 年，海关总署升格为国务院直属正部级机构，并增加口岸管理等职能。	1982 年 4 月 5 日，卫生部防疫司增设国境卫生检疫处。1988 年 5 月 4 日，国家卫生检疫总所成立，各地卫生检疫机构划归卫生部统一领导和管理。1990 年，进口食品实施卫生监督检验工作收归卫生部领导，卫生检疫总所加挂进口食品卫生监督检验总所牌子，成立进口食品卫生监督检验处。1995 年，国家卫生检疫总所更名为国家卫生检疫局。	1980 年 2 月 20 日，口岸动植物检疫工作恢复归口农业部统一领导。11 月 25 日，全国 36 个口岸动植物检疫所改为农业部直属单位。1982 年 2 月 8 日，国家动植物检疫总所成立。1992 年，各地动植物检疫所更名为动植物检疫局。1994 年，国家动植物检疫总所更名为国家动植物检疫局。	1980 年 1 月，国家进出口商品检验总局成立，为国务院直属局（对外贸易部代管）。1982 年 9 月，更名为国家进出口商品检验局。1994 年，国家进出口商品检验局成为对外贸易经济合作部管理的国家局（升格为副部级机构）。
		1998 年 3 月 29 日，原属于卫生部的卫生检疫局、农业部的动植物检疫局和对外贸易部的商品检验局合并，成立国家出入境检验检疫局，由海关总署管理。		
2000 年后	—	2001 年 4 月 10 日，国家质量技术监督局和国家出入境检验检疫局合并，成立国家质量监督检验检疫总局，为正部级国务院直属机构。		
	2018 年 4 月 20 日，国家质量监督检验检疫总局的出入境检验检疫管理职责和队伍划入海关总署。			

（二）立法进展

表 4-2 1949 年后我国海关及进出境检验检疫立法进展简表

颁布时间	海关	卫生检疫	动植物检疫	商品检验
1949—1959 年	1951 年 4 月 18 日，《中华人民共和国暂行海关法》公布，5 月 1 日起实施。1951 年 5 月 4 日，《中华人民共和国海关进出口税则》及其暂行实施条例颁布。	1950—1951 年，颁布实施《进出口船舶、船员、旅客、行李检查暂行通则》《铁路检疫实施办法》《交通检疫暂行办法》《民用航空检疫暂行办法》。1957 年 12 月 23 日，颁布实施《中华人民共和国国境卫生检疫条例》。1958 年 3 月 25 日，颁布实施《中华人民共和国国境卫生检疫条例实施规则》。	1949—1951 年，颁布实施《输出入动物及其产品检疫办法》《输出入植物病虫害检验暂行标准》《输出入植物病虫害检验暂行办法》。1954 年，颁布实施《输出输入植物检疫暂行办法》《输出输入植物应施检疫种类与检疫对象名单》。	1951 年 11 月，《商品检验暂行条例》公布。
			1954 年 1 月，《输出输入商品检验暂行条例》公布，包括了动植物检疫内容。	

续表 1

颁布时间	海关	卫生检疫	动植物检疫	商品检验
1960—1989 年	1985 年 3 月 7 日，《中华人民共和国进出口关税条例》《中华人民共和国进出口规则》公布，3 月 10 日起实施。1987 年 1 月 22 日，《中华人民共和国海关法》发布，7 月 1 日起实施。1987 年，《中华人民共和国进出口关税条例》进行第一次修订。	1980 年 6 月 18 日，颁布实施《国境口岸传染病监测试行办法》。1982 年 2 月 4 日，颁布实施《中华人民共和国国境口岸卫生监督办法》。1986 年 12 月 2 日，《中华人民共和国国境卫生检疫法》发布，1987 年 5 月 1 日起施行。1989 年 3 月 6 日，颁布实施《中华人民共和国国境卫生检疫法实施细则》。	1966 年，颁布实施《进口植物检疫对象名单》（草案）。1980 年，颁布实施《进口植物检疫对象名单》。1982 年，颁布实施《进出口动植物检疫条例》《动物检疫对象名录》。1983 年，颁布实施《中华人民共和国进出口动植物检疫条例实施细则》。	1984 年 1 月 28 日，颁布实施《中华人民共和国进出口商品检验条例》。1989 年 2 月 21 日，《中华人民共和国进出口商品检验法》发布，8 月 1 日起施行。
1990—1999 年	1992 年，《中华人民共和国进出口关税条例》进行第二次修订。1997 年、1999 年，《中华人民共和国进出口税则》进行第一、二次调整。	—	1991 年 10 月 30 日，《中华人民共和国进出境动植物检疫法》发布，1992 年 4 月 1 日起施行。1992 年，颁布实施《中华人民共和国进境植物检疫危险性病、虫、杂草名录》《中华人民共和国进境动物一、二类传染病、寄生虫病名录》。1996 年 12 月 2 日，《中华人民共和国进出境动植物检疫法实施条例》发布，1997 年 1 月 1 日起施行。	1992 年 10 月 23 日，《中华人民共和国进出口商品检验法实施条例》发布。
2000—2009 年	2000 年，《中华人民共和国海关法》进行第一次修订。2003 年 2 月 28 日，颁布实施《中华人民共和国海关关衔条例》。2003 年，《中华人民共和国进出口关税条例》进行第三次修订。2000 年、2002 年，《中华人民共和国进出口税则》进行第三、四次调整。	2007 年、2009 年，《中华人民共和国国境卫生检疫法》进行第一、二次修订。	2007 年 5 月 29 日，颁布实施《中华人民共和国进境植物检疫性有害生物名录》。	2002 年，《中华人民共和国进出口商品检验法》进行第一次修订。2005 年 8 月 31 日，《中华人民共和国进出口商品检验法实施条例》发布，2005 年 12 月 1 日起施行。

续表2

颁布时间	海关	卫生检疫	动植物检疫	商品检验
2010—2019年	2013年、2016年、2017年,《中华人民共和国海关法》进行第二、三、四、五次修订。 2011年、2013年、2016年、2017年,《中华人民共和国进出口关税条例》分别进行第四、五、六、七次修订。	2010年、2016年、2019年,《中华人民共和国国境卫生检疫法实施细则》分别进行第一、二、三次修订。 2018年,《中华人民共和国国境卫生检疫法》进行第三次修订。	2012年1月13日,《中华人民共和国禁止携带、邮寄进境的动植物及其产品名录》发布实施。	2013年、2018年,《中华人民共和国进出口商品检验法》分别进行第二、三、四次修订。 2013年、2016年、2017年、2019年,《中华人民共和国进出口商品检验法实施条例》分别进行第一、二、三、四次修订。
	2015年7月1日,《中华人民共和国国家安全法》正式实施,首次将生态安全纳入国家安全体系。			
2020年后	2020年10月17日,《中华人民共和国生物安全法》发布,2021年4月15日起施行。			
	2021年4月29日,《中华人民共和国海关法》进行第六次修订。	—	2021年3月1日,《中华人民共和国刑法修正案(十一)》增加非法引进、释放、丢弃外来入侵物种罪。 2021年10月20日,《中华人民共和国禁止携带、寄递进境的动植物及其产品和其他检疫物名录》发布实施。 2022年5月31日,《外来入侵物种管理办法》发布,2022年8月1日起施行。	2021年,《中华人民共和国进出口商品检验法》进行第五次修订。 2022年,《中华人民共和国进出口商品检验法实施条例》进行第五次修订。

抗美援朝时期,美国对朝鲜和我国东北地区进行了生物战,各卫生检疫机关投入反细菌战中,对人员、交通工具、货物、尸体等实施卫生处理

20世纪50年代，"白求恩"号检疫艇上的工作人员

1953年，中国对外贸易部商品检验总局植检技术人员训练班所用教材《杂草图版》

20世纪80年代，辽宁实验室人员检查病毒含量

20世纪80年代，上海动植物检疫人员对进境肉牛实施检疫

20 世纪 80 年代，上海动植物检疫人员对进境种羊实施采血检疫

1988 年，中华人民共和国卫生检疫总所揭牌

20 世纪 90 年代，在珠海召开的动物检疫配套法规定稿会

20 世纪 90 年代，动植物检疫人员合影

20 世纪 90 年代，对来自霍乱疫区船舶生活垃圾实施消毒

拱北动植物检疫所的"动植检 82 船"是全国口岸动植检系统唯一的检疫专用船

2008 年，原中山出入境检验检疫局检疫犬丁丁和豆豆

（三）签署国际法及加入国际组织

中华人民共和国成立后，积极履行维护国门生物安全义务，全面深化国际合作，为国门生物安全科学把关奠定了坚实的基础。

中国是世界卫生组织的创始国之一。1972年5月10日，第25世界卫生大会通过决议，恢复了中国在世界卫生组织的合法席位。

1973年，中国恢复为联合国粮食及农业组织成员。1982年，联合国在中国粮食及农业组织宣布设立驻中国代表处。1980年12月25日，中国加入《濒危野生动植物种国际贸易公约》（CITES）。

我国医学专家参加世界卫生组织学习班

扬子鳄，为我国特有的"活化石"，是世界上最小的鳄鱼品种之一，也是全球23种鳄类中最为濒危的种类之一，被列入《濒危野生动植物物种国际贸易公约》附录Ⅰ

中国加入世界贸易组织签字仪式

1984 年 11 月 15 日，中国加入《禁止发展、生产、储存细菌（生物）及毒素武器和销毁此种武器公约》。2001 年 12 月 11 日，中国正式加入世界贸易组织。

2007 年，世界动物卫生组织（OIE）第 75 届国际委员会大会通过决议，决定恢复中华人民共和国在世界动物卫生组织的合法权利。

青海湖边上的牦牛。2014 年，我国获 OIE 疯牛病风险可忽略认证

CHAPTER

第五章

国门生物安全全球治理前景展望

　　2020 年 9 月 8 日，习近平总书记在全国抗击新冠肺炎疫情表彰大会上强调要重视生物安全风险，提升国家生物安全防御能力，同时庄严宣告："我们愿同各国一道推动形成更加包容的全球治理、更加有效的多边机制、更加积极的区域合作，共同应对地区争端和恐怖主义、气候变化、网络安全、生物安全等全球性问题，共同创造人类更加美好的未来。"

以全球性的思维携手应对生物安全和气候变化等全球性问题，越来越成为世界各国政府、非政府组织和民众的共识

形势与挑战

　　人类与危险性生物因子斗争的历史十分悠久，从古代的隔离防疫、中世纪的港口隔离防疫，发展到近现代检验检疫、今天的国门生物安全管理，再到未来的国门生物安全全球治理，是人类防控危险性生物因子的历史路径选择，也是人类文明发展的必然选择。全球化时代使整个世界更加紧密地连成了一个整体，各国日益成为国门生物安全领域休戚与共的命运共同体。

应对全球气候变暖、拯救濒危的北极熊需要世界各国的共同努力

（一）人员大流动加剧传染性疾病的传播和蔓延

18 世纪从英国到澳大利亚乘帆船航行需要一年，19 世纪初乘快速帆船需要 100 天，20 世纪初乘蒸汽轮船需要 50 天，而现在我们可以在一天之内乘飞机到达世界上的大部分地方。2019 年全球航空旅客达 45 亿。世界上任何一个地方暴发疾病，可能仅仅几小时后就会使其他地区"大难临头"。全球化让一国内部的生物安全事件日益成为需要全球共同面对的问题，2019 年年底发生的新冠疫情就是最好的例证。

法国作家儒勒·凡尔纳 1873 年的小说《八十天环游地球》在当时激发了人们的想象力，鼓舞了许多冒险旅行家争相打破环球旅行纪录

英国、法国联合研发的协和号超音速客机（从纽约飞往巴黎只需 3 小时 30 分钟）

（二）经济全球化加速有害生物的入侵和扩散

2000 年到 2019 年，世界商品贸易总额从 6.2 万亿美元增长到近 19 万亿美元，商品大流通使有害生物大范围、长距离、短时间地快速"开疆拓土"。全球每年因外来物种入侵造成的直接经济损失超 4000 亿美元。

亚洲的大虎头蜂是世界上最大的胡蜂，常有伤人甚至致死的报道。2020 年，大虎头蜂入侵美国华盛顿州袭杀 6 万多只蜜蜂的报道引发了当地人的恐慌

左图与右图均为欧洲椋鸟。一名莎士比亚粉丝 1890 年在美国放生了从英国引进的 60 只欧洲椋鸟，如今已在美洲泛滥成灾

（三）技术大发展使生物技术误用滥用风险急剧增加

生物技术的发展是一把双刃剑。随着合成生物、全基因组测序等生物技术的突破性发展和推广应用，人类利用现代生物技术防治传染病、动植物疫病、外来生物入侵等生物安全风险的能力在不断提升。但与此同时，相关国家、机构和个

出于对转基因食品和使用化肥、农药安全性的担忧，很多人转而向"天然有机食品"寻求安全感

人研制生物战剂、改造或创造病原物的门槛也越来越低，因为生物技术研发或应用不当、生物实验室管理不完善导致的风险也越来越高。

（四）全球生物多样性丧失逐步加快

随着全球化的不断深入，人类活动对生态环境的破坏加剧，外来有害物种越来越频繁地入侵各国（地区），抢占本土原生物种生态位，造成原生物种减少甚至灭绝，对全球生物多样性带来不可逆转的破坏。近年来，"异宠热""放生热"等风潮，也加剧了外来物种在全球的无序传播。

爱卖萌的猫鼬是宠物界的新星，但原本生活在非洲沙漠的它们也会携带病菌，传播疾病

荒漠牧场。过度放牧会对生态环境造成巨大的破坏

（五）生物武器与生物恐怖带来的威胁前所未有

生物武器因威力巨大、制备容易、使用方便、成本低廉且隐蔽难防，已成为恐怖活动的重要方式之一。一些生物武器的杀伤力是核武器的几十倍甚至几百倍，100 千克的炭疽芽孢释放即可造成 300 万人丧生。[1]美国在乌克兰、哈萨克斯坦等地设立生物安全实验室等事件，加剧了人们对目前部分国家仍在秘密研制和储备生物武器的担忧。此外，全球诸多恐怖组织具有发动生物恐怖袭击的不法意图且具备相应的能力。

达格威试验场位于犹他州，是美国生物、化学武器的试验基地

---

1. 刘永洪，魏冬 . 筑牢国家生物安全防线 [J]. 中国社会科学报，2020.

2 探索与实践

　　国门生物安全全球治理是各国政府、国际组织、企业、社会团体及各国公民等多元主体参与的集体防御和系统治理，是对危险性生物因子实施的包括原发地控制、跨境地拦截、发现地根除等环节在内的全链条管控。其中，跨境地（口岸）拦截仍然是国门生物安全全球治理中的一个重要环节，也是效益最高的环节。

拱北海关在一批入境原木中截获 10 只活体蜚蠊和若虫，检出超过 70 种细菌，其中篦齿拉丁蠊为全国口岸首次截获

　　在各国的共同努力下，国门生物安全全球治理已取得一定进展，已建立初步的国际协作机制，在消灭和控制传染病等方面取得了积极成果。

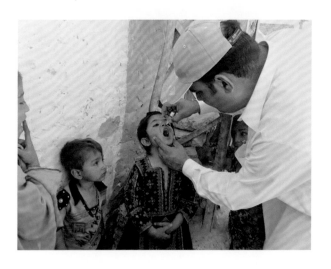

工作人员为巴基斯坦儿童接种口服脊髓灰质炎疫苗，目前只有巴基斯坦、阿富汗等少数国家仍未消灭脊髓灰质炎

1976 年，美国启动首次全民流感疫苗接种计划

对流感的控制是一个很好的国际合作范例。1918 年，西班牙流感暴发后，世界各国即展开了相关合作。1947 年，世界卫生组织临时委员会建立了一个全球流感方案。1952 年，全球流感监测网络正式启动，现

对候鸟的监测是流感监测的重要环节。野鸭、野鹅、大雁等候鸟都可能成为高致病性禽流感的"超级传播者"

已发展成包括 114 个国家 153 个机构在内的全球流感监测和反应系统。2018 年，世界卫生组织牵头制定了全球流感战略，成功扑灭了刚果（金）第 9 轮埃博拉出血热疫情。

但是，国门生物安全全球治理仍面临诸多问题和挑战，例如，各国政府和国际组织重视不够、投入不足，协同治理措施缺乏强制执行力、与国家主权和经济利益存在冲突，等等。

由于生物资源开发不当、走私濒危物种等行为屡禁不止，被誉为"地球之肺"的亚马孙森林面积正在日渐缩小

3 中国贡献

（一）推动治理理念创新

近年来，中国大力倡导人类命运共同体理念，积极为国门生物安全全球治理贡献中国智慧、中国方案，努力推动世界各国在生态文明建设、国门生物安全全球治理各领域密切合作，携手绿色发展之路，共建美丽地球家园。

黄果树国家湿地公园。作为《关于特别是作为水禽栖息地的国际重要湿地公约》常委会成员和科技委员会主席国，我国积极为全球生态治理贡献中国智慧和中国方案

（二）发挥负责任大国作用

我国在国际组织中发挥积极作用，在多边谈判中主动承担更多责任，在应对气候变化、禁止生物武器等国际规则制定方面积极提出倡议。

（三）健全多双边合作机制

中国在二十国集团、亚太经济合作组织等多个多边合作

北极极光。我国多年来致力于推动应对北极气候变化的国际合作

机制下积极开展多种形式的合作，近年来仅与"一带一路"沿线国家和地区及其外围国家开展的部级互访交流就有近 200 次，技术合作上千次，签署文件近 130 项。

（四）加强对外援助和培训

"一带一路"沿线国家和地区上的"钢铁驼队"——中欧班列在德国奥伯豪森境内运行

自 1963 年向阿尔及利亚派出首支医疗队以来，中国累计向全球 76 个国家和地区派遣医疗队员 3 万人次，诊治患者 2.9 亿人次。仅撒哈拉以南非洲地区就有约 2.4 亿人受益于青蒿素联合疗法。[1]

20 世纪 60 年代，在非洲的中国医疗队

2020 年 9 月，拱北海关关员为广东省第 31 批援助赤道几内亚医疗队作国际旅行健康、卫生检疫等知识培训的合影

1.http://www.gov.cn/xinwen/2023-03/09/content_5745524.htm

（五）全力投入全球战"疫"

1. 抗击埃博拉出血热疫情

2014 年，西非埃博拉出血热暴发后，中国第一时间采取行动，先后提供价值 1.2 亿美元的物资和紧急现汇，派遣 1200 多名医护人员和公共卫生专家赶赴疫区，开展病例治疗、人员培训、公共卫生知识普及等工作。

援非抗击埃博拉物资在上海浦东机场启运

2. 抗击新冠疫情

面对突如其来的新冠疫情，中国在自身面临巨大困难的情况下，积极倡导共同构建人类卫生健康共同体，向 120 多个国家和国际组织供应超过 22 亿剂新冠疫苗，向 153 个国家和 15 个国际组织提供数千亿件抗疫物资，向 34 个国家派出医疗专家组，毫无保留地同各方共享病毒全基因组序列、防控方案和救治经验，以实际行动帮助挽救了全球成千上万人的生命，彰显了负责任大国的担当。[1]

---

1. http://www.gov.cn/xinwen/2023-01/15/content_5737051.htm

2021 年 2 月，我国援助菲律宾的 60 万剂科兴疫苗抵达马尼拉

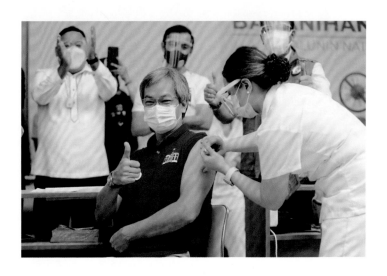

菲律宾总医院院长 Gerardo Legaspi 博士带头接种中国捐赠的新冠疫苗

任重道远

（一）秉持人类命运共同体理念

面对全球生物安全面临的前所未有的严峻形势，国际社会应以前所未有的决心和行动，勇于担当，勠力同心，协同强化国门生物安全系统治理，推动构建人类卫生健康共同体、全球生物安全共同体。

长白山天池是中国和朝鲜的界湖，已被列为世界生物圈保护区

（二）发挥政府和国际组织作用

进一步完善国际合作机制，强化世界卫生组织、联合国粮食及农业组织等国际组织的桥梁纽带作用；推动各国政府进一步发挥主体作用，履行生物安全法定义务，加大资源投入，积极参与全球生物安全交流合作与应急救援。

杭州西湖风光（上图）及老挝风光（下图）。"绿水青山就是金山银山"理念源自浙江，现在也成为老挝自然资源与环境部的工作理念

（三）强化"进出并重"的国门生物安全管控

推动各国政府改变"重进轻出"的管理理念，做到出入管理并重，共同实现国门生物安全问题的系统治理和源头管控。

左图：太阳蛾，又名多尾凤蛾，原产于马达加斯加
右图：月亮蛾，又名锦纹燕尾，原产于墨西哥和秘鲁
2020年，济南海关查获了近年来最大宗走私濒危蝴蝶（蛾）标本进境案，查获了最美、最珍贵的太阳蛾和月亮蛾

（四）推动国门生物安全社会共治

强化国门生物安全科普、普法工作，织牢维护国门生物安全的人民防线。动员全民身体力行，切实做到：

——主动学习国门生物安全知识，增强防范意识；

——不食用野生动物，不放生外来物种；

——不收养不了解来源和情况的"新奇宠物"；

——进出境时，如实向海关申报健康状况，主动申报携带动植物及其产品情况，配合海关查验；

——发现危害国门生物安全的行为，及时制止或向有关部门举报。

维护生物安全需要广大公民的积极参与，不能指望动物"自我约束"

让我们从自己做起、从现在开始，筑牢国门生物安全防线，共同呵护好我们唯一赖以生存的地球家园！

APPENDIX

附录一

海关截获的部分有害生物

地中海实蝇，有"水果头号杀手"
之称

桔小实蝇

锈实蝇

海口棍腹实蝇

瓜实蝇

南亚果实蝇

匈牙利粉蝇

显赫草菌蝇

草地贪夜蛾，联合国粮食及农业组
织列名的全球十大预警害虫之一

六带桑舞蛾

鳄梨织蛾

谷实夜蛾

苹果异形小卷蛾

桃蛀螟

早熟禾拟茎草螟

酸豆黑脉斑螟

赤材小蠹

橡胶材小蠹

暗翅材小蠹

对粒材小蠹

美雕齿小蠹

平行材小蠹

大洋臀纹粉蚧，有"水果杀手"
之称

扶桑绵粉蚧

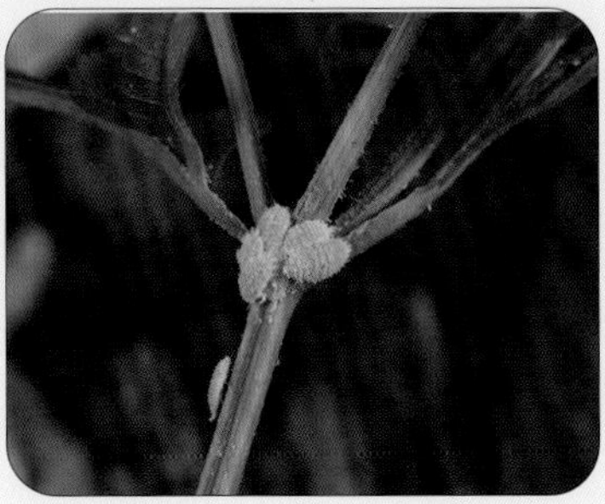

美地绵粉蚧

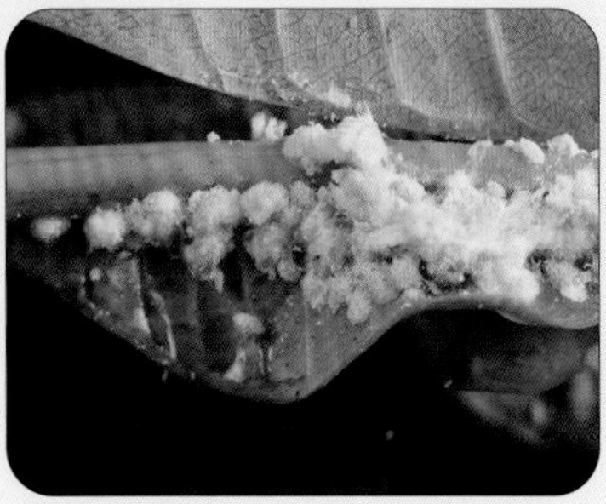

木瓜秀粉蚧

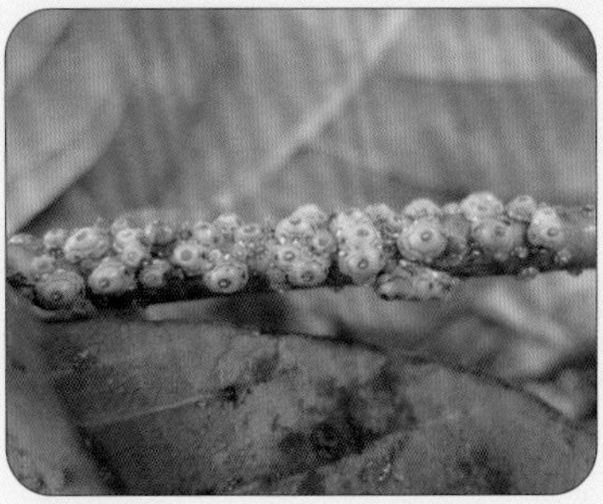

无花果蜡蚧

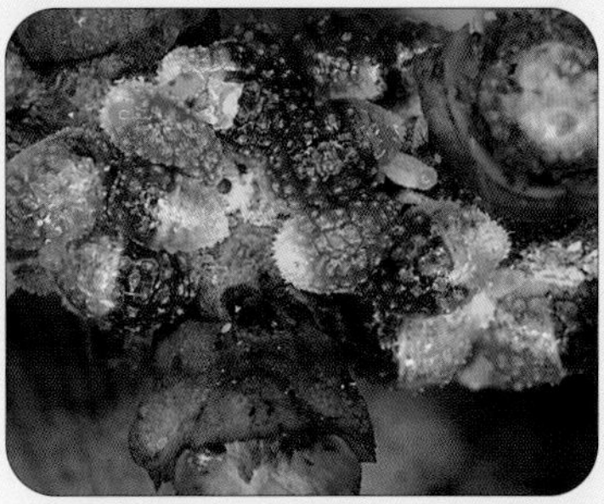

豆箭蜡蚧

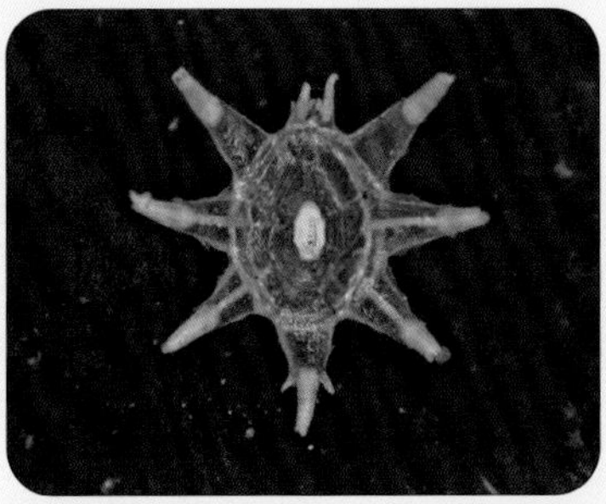

七角星蜡蚧，寄主广泛，可在多种水果和观赏植物中寄生

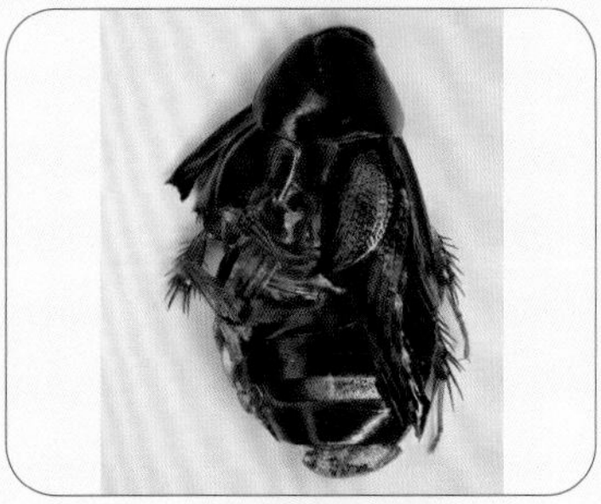

小异甲蠊

多恩拉丁蠊

古巴绿蠊，农业害虫

弯曲歪尾蠊

奥美加硬翅蠊

篦齿拉丁蠊

Latindia sp.nov., 全球首次报道
拉丁蠊属蜚蠊种

地中海白蜗牛

红火蚁，拉丁名意为"无敌蚂蚁"

台湾乳白蚁，俗称家白蚁

椰子粗腿豆象

巴西豆象

灰豆象

红棕象甲，主要危害椰子等棕榈科植物

桉树叶甲

三裂叶豚草种子，其花粉是人类"枯草热"（"花粉病"）的主要病源

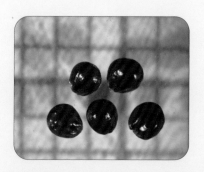

长芒苋

加拿大苍耳

美澳型核果褐腐病菌

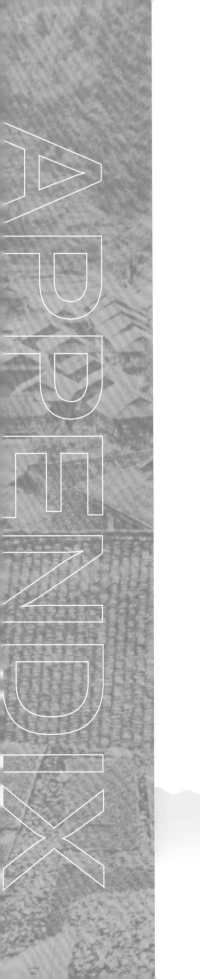

APPENDIX

海关截获的部分动植物及其产品

白臀叶猴（标本），CITES 附录Ⅰ保护物种

暹罗鳄标本，暹罗鳄为 CITES 附录Ⅰ保护物种

老虎皮，老虎所有亚种均为 CITES 附录Ⅰ保护物种

象牙制品，大象为 CITES 附录Ⅰ保护物种

麤鹿鹿角

卡罗莱纳箱龟，"箱龟之王"，CITES 附录Ⅱ保护物种

四爪陆龟，CITES 附录Ⅱ保护物种

苏卡达陆龟，CITES 附录Ⅱ保护物种

黄缘闭壳龟，CITES 附录Ⅱ保护物种

巴西红耳龟

豹纹陆龟，CITES 附录Ⅱ保护物种

北美拟鳄龟

玳瑁，CITES 附录 I 保护物种

红尾蚺，CITES 附录 I 保护物种

疣尾蜥虎干制品

短鳍真鲨

大鲵（娃娃鱼），CITES 附录 I 保护物种

海马，海马属所有种均为 CITES 附录 II 保护物种

红珊瑚，与珍珠、琥珀并列为三大有机宝石，CITES 附录 II 保护物种

细尤犀金龟标本

红蓝甲虫

活体蟋蟀

蜥　蜴

砗磲，CITES 附录 II 保护物种

岩牡丹属龟甲牡丹，岩牡丹属所有种
均为 CITES 附录 I 保护物种

龟甲牡丹、酷斯拉牡丹（CITES 附录 I
保护物种）、切迹兜（CITES 附录 II 保
护物种）

沉香木

串钱柳种苗

罗汉松树苗

兰花种苗

图片来源说明

　　本书部分图片由以下作者提供：P5 下图、P8 上右图、P115 下图、P124 下图、P125 下图、P161 上图、P208 上左图、P228 下右图、P231 上左图、P231 中左图、P233 上左图、P235 上左图，俞波；P7 右图，William Murphy；P12 中图，邱子强；P14 下图，萧海权；P15 上左图，陈立新；P15 上右图，杨佳；P16 图，Ryan Hagerty；P24 上图，赵诗琪；P33 下图，黎桐彤；P41 上图，郑志刚；P69 上图，Jan Reurink；P70 上图，蒋宏；P73 上左图、上右图，程丽艳；P73 下图，Crowhurst et al.；P74 下左图、下右图李贵华；P78 上图，Rod Waddington；P83 上图，张福利；P85 下图、P98 下图、P171 左图，陈伟琪；P87 图，杨梓光；P89 上右图，吴兵；P90 上右图，梁伟；P96 下图，李日晴；P97 上图，张栋钦；P100 上图、P105 下图、P106 上图，郑明轩；P100 下图，张建林；P104 上左图、上右图，H·J Larsen；P113 下图，Denise Chan；P116 下图、117 下图、P118 图、P222 上图、P225 下右图、P226 图，陈健；P121 上图，刘建东；P122 下图，赵霖；P123 下图，温阳蕾；P153 上图，黎财慧；P156 下图，梁子昌；P160 下图，Frode Bjorshol；P135 上图，April Davis；P173 上图，猫猫的日记本；P207 图，David Jolley Staplegunther；P208 上右图，李婷婷；P213 图，黄尚尚；P217 下图，邱学君；P221 上左图、P221 下右图、P222 中图、P222 下图、P223 上图、P223 中图、P224 下图、P225 上图、P225 中图、P225 下左图、P227 上左图、P227 中左图、P227 下图、P234 中左图，徐淼锋；P221 上右图、P221 中图、P221 下左图、P223 下图、P224 上中图、P227 上右图、P227 中右图、P228 上图，林伟；P228 中左图、P228 下左图，廖力；P228 中右图，单振菊；P231 上右图、P232 中左图，万学玲；P231 中右图，吴梦楠；P231 下左图、P235 中左图，陈俊；P231 下右图，陈宇彤；P232 上左图、P233 下右图，蔡蒙蒙；P232 上右图，沈佳泽；P232 中右图、P234 中右图、P234 下图，林昌峰；P232 下左图、P233 中左图、P234 上右图，朱伟俊；P233 上右图，陈德强；P233 中右图，吴佳兴；P233 下左图，李婧；P234 上左图，林子淇；P235 上右图，刘文。

　　除了以上已标注作者的图片，其余图片主要有以下三方面来源：一是来自海关系统的图片，包括海关历史图片（国家机构改革前原海关和原检验检疫系统的图片）；二是 Unsplash、Hippopx、Pexels、Pixabay、Colorhub 等开源图片网站的图片；三是部分国内外高校、博物馆、美术馆、政府部门的公开图片资源，如英国惠康收藏博物馆、法国国家图书馆、荷兰国家档案馆、美国大都会艺术博物馆、阿诺德树木园、维基媒体、美国农业部、美国疾病管制与预防中心、杜克大学图书馆、台北故宫博物院等，相关图片来源我们都作了详细的记录，因篇幅所限，在此不一一标注。限于渠道和能力所限，错漏难以避免，如您发现我们的图片来源有差错或存在版权问题，请及时联系中国海关出版社有限公司，我们将及时进行改正，并按国家规定标准支付报酬。

参考文献

[1] 习近平. 在全国抗击新冠肺炎疫情表彰大会上的讲话（2020 年 9 月 8 日）[J]. 先锋，2020（10）：8.

[2] 李尉民，国门生物安全 [M]. 北京：科学出版社. 2020.

[3] 李尉民. 国门生物安全——从火炎防疫，港口隔离防疫到全球治理 [J]. 口岸卫生控制，2021，26（1）：8.

[4] 余潇枫. 论生物安全与国家治理现代化 [J]. 社会科学文摘，2021.

[5] 吴展.《生物安全法》正式施行：重要意义，主要内容与未来前瞻 [J]. 口岸卫生控制，2021，26（1）：6.

[6] 李辉，刘傲东，王慧玲，等. 国门生物安全治理的起源，发展与改革研究 [J]. 口岸卫生控制，2022（027-001）.

[7] 郑涛. 生物安全学 [M]. 科学出版社，2014.

[8] 周明华，游忠明，吴新华，等."国门生物安全"概念辨析 [J]. 植物检疫，2016，30（6）：7.

[9] 毕列爵. 从 19 世纪到建国之前西方国家对我国进行的植物资源调查 [J]. 植物科学学报，1983，1（1）：119-128.

[10] 赵铁桥. 近代外国人在中国的生物资源考察 [J]. 生物学通报，1991（07）：30+35-36.

[11] 王富有. 中国作物种质资源引进与流出研究——以国际农业研究磋商组织和美国为主 [J]. 植物遗传资源学报，2012，13（3）：8.

[12] 蒋志刚，谢宗强. 物种的保护 [M]. 北京：中国林业出版社，2008.

[13] 曾艳，周桔. 加强我国战略生物资源有效保护与可持续利用 [J]. 中国科学院院刊，2019，34（12）：6.

[14] 徐海根，强胜.中国外来入侵生物 [M].科学出版社，2011.

[15] 李扬汉.中国杂草志 [M].农业出版社，1998.

[16] 王旭东，孟庆龙.世界瘟疫史 [M].中国社会科学出版社，2005.

[17] 龚震宇，龚训良.21世纪新发和再发传染病的威胁 [J].疾病监测，2016（7）：3.

[18] 林祥梅，韩雪清，王景林.外来动物疫病 [M].北京：科学出版社，2014.

[19] 黄培堂，沈倍奋.生物恐怖防御 [J].科学出版社，2005.

[20] 胡永华.流行病学史话 [M].北京大学医学出版社，1900.

[21] 牛亚华.历史上人类与传染病的斗争 [J].科学之友：上，2006.

[22] 邓铁涛.中国防疫史 [J].广西科学技术出版社，2006.

[23] 王晓中，黄琳，侯彤岩，等.卫生检疫的创始原因和发展进程 [J].检验检疫学刊，2011，21（6）：5.

[24] 李良松.略论中国古代对传染病人的安置及传染病院 [J].中华医史杂志，1997，27（1）：4.

[25] 杨银权.被忽视的传统：中国古代隔离治疫发展述论 [J].宝鸡文理学院学报：社会科学版，2017，37（4）：5.

[26] 杨上池.我国早期的海港检疫 [J].国境卫生检疫，1983（S1）.

[27] 程浩.广州海港检疫之初 [J].交通环保，1983.

[28] 刘岸冰，何兰萍.近代上海海港检疫的历史考察 [J].南京中医药大学学报：社会科学版，2014（1）：21-24.

[29] 顾金祥.我国海港检疫史略 [J].国境卫生检疫，1983（S1）.上海出入境检验检疫局.中国卫生检疫发展史 [M].上海古籍出版社，2013.

[30] 陈洪俊.中国特色进出境动植物检疫体系探索与实践 [M].中

国农业出版社，2013.

[31] 陈须隆.当今世界面临的主要全球性问题[J].瞭望，2015（39）：3.

[32] 刘长敏，宋明晶.美国生物防御政策与国家安全[J].国际安全研究，2020，38（3）：33.

[33] 李新实，张顺合，刘晗，等.新常态下国门生物安全面临的挑战和对策[J].中国国境卫生检疫杂志，2017，40（4）：5.

[34] 陈颖健.公共卫生问题的全球治理机制研究[J].国际问题研究，2009（5）：52-58.

[35] 吴季松.生态文明建设[M].北京：北京航空航天大学出版社，2016.

[36] 江涛等.全球化与全球治理[M].北京：实事出版社，2017.

[37] 杨雪冬，王浩.全球治理[M].北京：中央编译出版社，2015.

[38] 艾尔弗雷德 W·克罗斯比，克罗斯比，Crosby，等.哥伦布大交换：1492 年以后的生物影响和文化冲击[M].中国环境科学出版社，2010.

[39] 彼得·弗兰科潘.丝绸之路：一部全新的世界史[M].邵旭东，孙芳，译.杭州：浙江大学出版社，2016.

[40] 威廉·麦克尼尔.瘟疫与人[M].余新忠，毕会成，译.北京：中信出版社，2018.

[41] 芭芭拉·纳特森－霍洛威茨，凯瑟琳·鲍尔斯.共病时代：动物疾病与人类健康的惊人联系[M].陈筱宛，译.北京：生活·读书·新知三联书店，2017.

[42] 王宏广.中国生物安全：战略与对策[M].北京：中信出版社，2022.

[43] 朱雪祎，梁正.跨国公司对发展中国家物种资源的掠取行为及应对策略分析[J].科技进步与对策,2007（03）:11-12.

[44] 常东珍，黄松甫.巴西天然橡胶生产的复兴 [J]. 世界农业，1984（3）:2.

[45] 盂庆龙.炭疽在第二次世界大战中的使用及其历史影响 [A].纪念中国人民抗日战争暨世界反法西斯战争胜利 60 周年学术研讨会文集（下卷）[C].北京：中共党史出版社，2005

[46] 容闳，文明国.《晚清名人自述系列：容闳自述》[M].合肥：安徽文艺出版社.

[47] 刘永洪，魏冬.筑牢国家生物安全防线 [J].中国社会科学报，2020.

[48] 萨拉·罗斯.茶叶大盗：改变世界史的中国茶.[M].孟驰，译.北京：社会科学文献出版社，2015.

[49] 肖璐娜，张箭.兔子在澳大利亚的引进和传播 [J].古今农业，2021，127（01）：97-107.

[50] 杨永.我国植物模式标本的馆藏量[J]生物多样性，2012，20（4）：512-516.

[51] 薛达元.中国生物遗传资源现状与保护 [M].北京：中国环境科学出版社，2005.

[52] 赵琳，詹生华，葛忠德，等.甘薯抗黑斑病研究进展[J].安徽农学通报，2014，20（22）：3.

[53] 林佳莎，包志毅.英国的"杜鹃花之王"乔治·福雷斯特 [J].北方园艺，2008，191（08）：140-143.

[54] 毛利霞、宋淑晴.20 世纪初英属印度的疟疾防治探析 [J].鄱阳湖学刊，2023（1）.

[55] 蒋高明.警惕转基因巨头"蚕食"他国农业 [J].农村经济与科技：农业产业化，2010（2）：2.

[56] 汤碧，李妙晨.后疫情时代我国大豆进口稳定性及产业发展研究[J].农业经济问题，2022，514（10）：123-132.

后　记

　　发端于 2019 年末的新冠疫情，是近百年来人类所遭遇的最严重的生物安全危机事件，它非常深刻地改变了我们的生活，也改变了我们对这个世界的认知。在人类历史上，人与病毒之间类似的殊死搏斗发生过何止千百次，事实一再证明，人类无法消灭所有威胁自身安全的生物，更没有可能脱离其他生物而独自生存。所谓生物安全的要义，其实并非"你死我活"，而是人应如何与自然、与其他生物和谐共生。人类要感谢自己的祖先，他们深谙生存之道，在种种生物安全风险的泥沼中摸爬滚打，顽强地在这个危机四伏的星球上生存并繁衍至今。

　　本书的主题是国门生物安全。1492 年哥伦布的船队抵达神秘的新大陆，生物全球化的趋势就已无法逆转。从人们接纳和享受远渡重洋而来的异域美食，为生物资源全球化盛宴欢呼的那一刻开始，他们也要为来自国门另一边，越来越多的生物安全威胁而寝食难安。特别是进入天涯如咫尺的全球化时代以后，各类生物因子以前所未有的速度和频率在地球村内穿梭流动，世界各地的人们得到了更为优质和丰饶的生物资源，但代价就是人类传染病、动植物疫病疫情、入侵生物等各类国门生物安全危机事件的频发多发。

　　2022 年，拱北海关所属中山港海关截获国内未见分布的篦齿拉丁蠊、拉丁蠊属蜚蠊种全球新物种的新闻经中央电视台等媒体报道后，先后冲上微博热搜，总阅读量超过 2.8 亿。几只小小的虫子，何以能够引起这么广泛的关注？我们认为，大疫之下人们对于生物安全问题的普遍焦虑，是理解这一现象的一把钥匙。社会公众对国门生物安全抱持着强烈的好奇和关切，但这却是一个相对陌生的新领域，这中间有着巨大的认知鸿沟，需要用大量务实和接地气的科普工作去弥合，而这正是当今学术界、科学机构和专业部门应该承担的责任。

　　为加强国门生物安全科普工作，我们在口岸一线搭建起"青篱"国门生物安全教育基地，建成专题展厅、展区 30 个，逐步构筑融国门生物安全科普、普法、海关业务实训、爱国主义教育、人文通识教育等功能于一体的宣传教育体系。短短一年多时间，"青篱"国门生物安全教育基地就成为广东省科普教育基地和通过海关总署评审的全国海关 30 个科普基地的一员。我们依托基地开展形式多样的国门生物安全科普、普法活动，公众对国门生物安全知识的兴趣和热情让我们感动。

　　本书的诞生，源自近几年我们在基层的科普实践。本书聚焦国门生物安全主题，参考大量权威文献，以丰富的史实和图片，讲述国门生物安全问题的历史渊源，呈现国内外国门生物安全管理萌芽、发展、革新的历史进程，并对当前方兴未艾的国门生物安全全球治理提出前景展望。我们希望通过一个个鲜活的事例，和读者一道重温古今中外对人类历史造成深远影响的国门生物安全事件，在生物安全与人类文明关系的大视野中鉴古知今、启发智慧，加深对国门生物安全问题的认知，借此推动社会各界协同共治，共同提升国门生物安全治理水平。与此同时，通过回顾近代我国国门洞开、生物安全遭受严重破坏的屈辱历史，以及中华人民共和国成立后，党领导人民筚路蓝缕构建国门生物安全管理体系的发展历程，引导公众知史爱党、知史爱国，厚植爱党爱国情怀。

　　从近两年的国门生物安全科普实践中，我们深切感受到，就科普工作而言，"讲故事"是一种受众接受度比较高的方式，而图片的阐释力和冲击力，也是单纯的文字所难以替代的。为了让本书更具可读性，真正做到"图文并茂"，我们决定采用"图说"的方式，历时一年多，通过各种渠道广泛查找、反复筛选，精选出 500 余张具有较强说服力和内容匹配度的图片，尽我们最大的努力为读者奉献一场图文盛宴。本书序言中关于"一只跳蚤""一只蚊子""一只蚜虫""一朵杜鹃""一片茶叶""一株野草"等表述，细心的读者在本书中都能分别找到对应的史实，我们的本意并非哗众取宠，而是希望是引起读者对国门生物安全极端重要性的重视。

　　国门生物安全是一个新兴的跨学科研究领域，作为基层的科普工作人员，我们深知自身在学术素养、研究视野、资料来源、专业能力等方面都存在明显的局限，作为"草根"科普人，能不能驾驭国门生物安全这样一个跨度很大、融汇了多方面专业知识的课题呢？说实话我们并没有把握。但是从一次次"筑青篱""进校园""进社区"等主题科普活动中，在与社会公众特别是中小学生的密切互动中，我们深深感受到大家对国门生物安全问题强烈的求知和探索的愿望。能够到"青篱"国门生物安全教育基地参观的人毕竟是有限的，"出书"的意义并不在于在学术层面告诉大家多少确切的结论，而是要在更大范围内引发人们对国门生物安全问题的关注和思考，我们是要开启讨论而不是终结一个话题。本书的错漏在所难免，但我们愿意和大家一起研究和探讨，希望广大读者及时给我们提出改进和批评意见，帮助我们不断提高学术能力和科普水平。

　　本书能够得以出版，我们要感谢拱北海关相关领导和卫检处、动植检处、科技处、教育处、机关党委、拱北技术中心、拱北保健中心、中山市火炬开发区管委会、中山市文明办、中山市科协、珠海市科协、中山市小榄镇永宁乡、中山市花卉协会、中山市沉香协会给予的支持帮助。感谢所有参与编写的人员，感谢俞波、杨梓光、萧海权、邱学君、靳晖、张昊、徐淼锋、林伟、王冲、程丽艳、李贵华、郑明轩、黎财慧、陈麒营、郑志刚、刘健、陈伟军、张建芳、蒋宏、邱子强、张建林、黎桐彤、吴兵、梁子昌、朱洪涛、陈健、李婷婷、温阳蕾、陈立新、杨佳、张福利、梁伟、张栋钦、刘建东、赵霖、黄尚尚、李婧、林子淇、陈宇彤、蔡蒙蒙、廖力、万学玲、朱伟俊、郑伟雄、单振菊、吴梦楠、陈俊、沈佳泽、林昌峰、陈德强、吴佳兴、刘文为本书提供资料、照片或其他帮助。付鹏、梁文福、赵诗琪、朱友清、罗诗龙、程志航、张靖靖、龚千里、焦魏魏、刘道岳、袁同雄、马思文、徐斯涵、陈海琦、郑臣猛、黄健龙、徐沛、谭水安、郑健、陈赟、文艳、钟元月、卢春莲亦有贡献，在此一并表示诚挚的谢意。

　　党的二十大报告强调"加强生物安全管理，防治外来物种侵害"，落实海关总署党委"国门生物安全关口必把牢"要求，加强国门生物安全执法和科普、普法工作，推进社会协同共治，共同守好国家生物安全的第一道防线，是我们面临的现实挑战。本书的出版意在抛砖引玉，我们期待更多、更好的国门生物安全科普读物的问世，为筑牢国家生物安全屏障、以实际行动共同守护美丽中国作出贡献。

《图说国门生物安全》编委会

2023 年 3 月